ビジネスエリートが知っている

教養としての発酵

村井裕一郎

あさ出版

●はじめに

「発酵」と聞いて、皆さんはまず何が思い浮かぶでしょうか。

和食、腸活、ダイエット、自然食品、日本の伝統、職人、微生物学、バイオテクノロジー、遺伝子工学……。なんとなくわかるようでわからない、という方が多いかもしれません。日本の伝統的な食文化の1つでありながら、発酵について詳しく話せる人はほとんどいないのが現状です。

しかし、実は今、世界中で発酵について学び始める人が増えています。なぜでしょうか。それは、発酵は未来のテクノロジーとしての側面を持ちながらも、伝統的な食品加工方法として、歴史や文化の面、あるいは、自然と共生するライフスタイルという観点からも注目されているからです。

今、ビジネスパーソンが発酵を知るべき理由は、大きく次の3つと言えます。

1つめは、日本の発酵技術には多くのビジネスチャンスがあるからです。

詳細は本書の中でお話ししますが、最新の食（フード）と技術（テクノロジー）を掛け合わせたフードテックと呼ばれる分野において、新しい食料生産や消費のあり方、食料と環境の両立、食に関わる様々な社会問題の解決のため、日本が培ってきた発酵技術が役に立つと考えられています。発酵について知り、その技術を活用することは、これから世界中でますます求められるでしょう。

また、観光産業においても、世界各地で発酵食品を活かしたレストランが数多く生まれています。

このように、発酵ビジネスは近年急成長を遂げています。

2つめは、発酵を理解することで、日本文化をより深く語ることができるからです。2013年、「和食」がユネスコ無形文化遺産に登録されました。この和食を支えるのが、味噌、醤油、酢、みりんなどの調味料の他、清酒や焼酎などの発酵食品です。

さらに、2023年には文化庁が食文化推進本部を設置し、日本食文化の魅力発信に力を入れ始めました。

今、海外の方は和食の美味しさはもちろん、健康への効果や、文化的な背景にも高い興味を寄せています。

これからはビジネスの様々な場で、海外の方から和食について、より深い質問をされる機会が増えることでしょう。そのとき、「和食」を支える発酵について文化的背景から知っておくことは、海外に日本の魅力を発信する際の大きな力となります。

日本の文化を様々な角度から話す手助けになるテーマが、「発酵」なのです。


3つめは、発酵は、自然科学、社会科学、人文（科学）など、様々な分野の「教養」への入口となるからです。


「教養」は英語では「culture」と言いますが、「リベラルアーツ」とも訳されます。

独立研究者であり著作家の山口周さんは、著書『自由になるための技術　リベラルアーツ』（講談社）の中で、「リベラルアーツは私たちを取り囲む常識の正体を見抜く感度を養ってくれるもの」とし、「経営リーダーにとって重要な判断の縁《よすが》」を養うものと話しています。

私は「発酵」は、教養を身につけることに直結している、すなわち、モノの見方や判断力を養うきっかけになるテーマだと考えています。

実際に発酵は今、次のような形で多くの学問に直結しています。

「発酵食品が製造されるメカニズムや製造技術」や「発酵食品に関わる微生物の働きや動き」であれば「農学」「生物学」ですし、「発酵が培ってきた日本文化」であれば「史学」、「発酵が培ってきた地域の人との関わり」であれば「社会学」、「発酵という産業の成り立ちを通した地域のまちづくり」であれば「地域学」、「発酵食品を日常の食生活に取り入れた料理」であれば「家政学」、「発酵食品と健康」であれば、「保健学」の分野になります。

一口に「発酵」と言っても、多くの学問分野が絡み合っており、だからこそ発酵というレンズを通して、様々な学問分野の「教養」を身につけることができます。

「発酵こそ、教養を学ぶ最短経路である」と言えるでしょう。


このように、発酵について知り、話せるようになることは、発酵業界だけでなく様々な分野のビジネスシーンで役に立つはずです。また、日本について話せることが増えることも、大きな武器の1つになるでしょう。


私は、「種麹」を代々製造・販売してきた糀屋《こうじや》三左衛門《さんざえもん》の第二十九代当主を務めています。

味噌、醤油、清酒、焼酎、みりん、酢など、麹を用いる醸造メーカーの9割以上は、当社のような種麹メーカーから麹菌を購入して商品を製造しており、当社も現在では、全国3000社以上に種麹を販売しています。

当主になる前は、大学で微生物のコンピューターシミュレーションを学んだ後、アメリカでMBAを取得し、大学院にて芸術の修士号をとりました。「環境情報学」「経済学」「芸術学」などから「発酵」「麹」を見直し、その無限の可能性に改めて気づき、今では、最先端の研究機関の研究者の方や、文化産業に携わる政府の方、ガストロノミー（美食）レストランのトップシェフ、家庭で発酵料理を振る舞いたい方々など、様々な人と出会い、発酵の可能性を広げています。

こうした経験をもとに、発酵の歴史から最先端の技術、文化的な話まで、本書では様々な視点から発酵を取り上げています。

日本の食の根底に関わる麹菌を生産する仕事に携わる幸せと責任を感じるとともに、より一層、発酵の魅力を多くの方々に知っていただくことが私の願いです。

本書が、少しでも皆さまの人生のお役に立てれば、大変嬉しく思います。

株式会社糀屋三左衛門
第二十九代当主
村井裕一郎

目次

第3章●発酵の歴史と日本の発酵食品

目　次

第4章●世界と日本の発酵

目次

目次

本文デザイン・DTP／大坪よしみ（瞬デザインオフィス）
校正／鷗来堂

第1章

なぜ今、ビジネスパーソンが発酵を知るべきなのか

発酵とは何か

そもそも、「発酵」とは何でしょうか。

発酵とは狭くも広くも様々な定義がありますが、本書ではまず、

「微生物の活動によって物質が変化すること」

と定義します。

発酵食品としてイメージしやすいものに、味噌や醤油があります。これらは、大豆などの原料が、微生物の働きによって味噌や醤油に変化しています。

また、酢やみりん、納豆や漬物も発酵食品です。納豆は納豆菌、漬物は乳酸菌によって発酵します。ヨーグルトや発酵バター、乳酸菌飲料などもすべて発酵食品の仲間です。変わったものでは、ナタデココも発酵食品です。

清酒、焼酎、ワイン、ビールなどのアルコールも、発酵によってつくられます。清酒は米、ワインはブドウ、ビールは麦から、アルコールという物質を微生物たちがつくり出しています。

発酵のしくみ

原材料	微生物	発酵食品
大豆、麦	カビ（麹菌）→乳酸菌→酵母	醤油 味噌
米	麹菌→酵母→酢酸菌	酢
米	カビ（麹菌）→（乳酸菌）→酵母	焼酎、清酒
大豆	納豆菌	納豆
野菜	乳酸菌	漬物
牛乳	乳酸菌→（カビ）	ヨーグルト、 バター、チーズ
ブドウ	酵母→（乳酸菌）	ワイン
麦	酵母	ビール
魚	カビ	鰹節
魚	乳酸菌	塩辛
麦	酵母→（乳酸菌）	パン

※『子どもに伝えたい和の技術10　発酵食品』（和の技術を知る会／文溪堂）を参考に作成

発酵と言うと和食のイメージが強いですが、パンも酵母菌を使った発酵食品です。以前は化学調味料と呼ばれていたうま味調味料も発酵によってつくられます（うま味調味料は、サトウキビの糖蜜を材料に、微生物の働きによってつくられています）。発酵は人類が火を使う前から利用していた食べ物の加工法とも言われているほど、発酵食品は遥か昔から、私たち人間の食生活を支えてきました。

実は、医薬品などにも発酵は利用されています。代表的な例では、青カビから発見されたペニシリンです。医薬や創薬の分野では、有益な物質をつくるために微生物の働きを利用した生産が行われているのです。

他にも、生ゴミを肥料にするコンポストなどは、微生物の働きによって生ゴミを肥料へと変化させています。

今、世界が発酵に注目している

今、発酵は食文化の分野だけに留まらず、様々な分野でグローバルなレベルで注目を集めています。

食品以外の発酵のしくみ

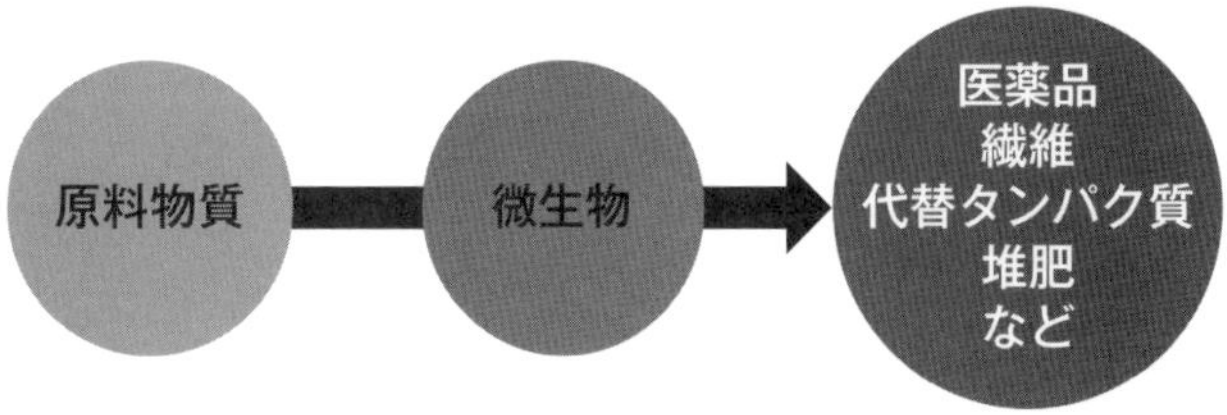

3つの視点で見ていきましょう。

①テクノロジーとしての発酵

「タンパク質クライシス」という言葉をご存じでしょうか。

人類の人口増加や途上国の進展に伴い、近い将来、地球規模でタンパク質の需要と供給のバランスが崩れてしまう危機のことです。実は発酵技術は、これへの対策の切り札として注目されています。

発酵とは、「微生物の活動によって物質が変化すること」だとお話ししました。

そこから、「微生物の力を利用すれば、タンパク質を効率的に産み出せるのではないか?」という研究が進んでおり、この分野で、多くのベンチャー企業が世界中で設立され、開発競争が進んでいます。

タンパク質の他にも、汚水処理や土壌の改良などの環境分野、医薬創薬や燃料生産に至るまで、発酵のノウハウを活かす取り組みが世界中で行われています。

微生物の力を利用するメリットはいくつかあります。

まず、微生物の増殖の早さを活かし、人間が工場でつくるよりも効率よく物質を生産できます。また、もともと自然の中に存在している微生物を利用するため、人工的につくられた薬品を利用するよりも環境への負荷が少なく、人間の手や機械ではつくることができない複雑な物質も、微生物によって生産できます。

これらのメリットをより強化するため、狙った通りの物質をより効率的に生産できるよう、微生物の遺伝子を操作して活用しようと遺伝子工学の技術も使われています。

まさに、微生物を「生きる工場」として、「求める物質」を生産していく技術です。

これを「精密発酵」と呼ぶのですが、現在バイオテクノロジーの分野のホットトピックとなっています。

これらの技術は、人類の食料生産や自然環境の保護という重要な社会課題の解決にも結びつくと期待されており、その社会的な意義は計り知れないほど大きいものです。

②カルチャー・ライフスタイルとしての発酵

発酵を、もっと小さく身近な手作業レベルから眺めてみましょう。

マリー＝クレール・フレデリックさんによる『発酵食の歴史』（原書房）には、人類が発酵を食品の加工に用いたのは、火の発見より早かったという説が紹介されています。発酵は食の最先端テクノロジーでもあり、最古の技術でもあるのです。

発酵は世界中に、様々な特徴的な発酵食品文化をもたらしました。

アジア・ヨーロッパという大きな分け方から、国、都道府県、市町村、さらに細分化していけば、家庭ごとの漬物の漬け方の個性のように、それぞれのサイズ感において、ローカルで多様な発酵食品が存在します。

一つ一つのつくり手の個性が多様性であり、それらが集まったものが地域の個性になり、食文化の多様性を産み出しています。

人間は微生物たちの力を借りて初めて発酵食品をつくることができます。

味噌の材料は、米、豆、麦などの穀物と、水と塩ですが、私たちにはこの材料を混ぜることはできても、これらを味噌に変化させることはできません。味噌をつくってくれるのは微生物たちです。実際に自分たちの手で調達した材料を用いて、微生物を利用して発酵食品をつくってみると、自然環境と、私たち人間との間の関係性を否が応でも感じとることができます。

私たち一人一人が、周囲の自然環境とどのように関わっているかを意識することは、自分のライフスタイルを見つめ直すことにもつながります。また、ゆっくりとした時間が必要な発酵食品づくりの過程は、深い集中力と自分自身を見つめ直す時間をつくり出します。

世界に名高いテック企業であるGoogle社が、社員の心の健康のために「禅」によるマインドフルネスと瞑想を取り入れていますが、同様に、発酵を知り、触れることも、自分らしいライフスタイルをつくり、仕事において高いパフォーマンスを発揮する状態をつくることに役立ちます。

このように、発酵はカルチャーやライフスタイルの表れとしての側面からも、ビジネスパーソンから注目を集めています。発酵食品に表れる各地の地元の文化や、個人のライフスタイルは、新たなビジネスチャンスを生む可能性があるからです。

例えば、地域固有の発酵食品とその技術とレシピは、地域の魅力を引き立て、観光産業やサービス産業の発展へとつなげることができます。

③ガストロノミーの中心としての発酵

「ガストロノミー」という言葉をご存じでしょうか。

ガストロノミーとは、料理がどのように発展してきたか、なぜ特定の料理がその場所で生まれたのか、料理が私たちの文化や社会にどのような影響を与えているのかを考える姿勢のことです。

日本ガストロノミー協会会長の柏原光太郎さんの著書『フーディーが日本を再生する！ニッポン美食立国論――時代はガストロノミーツーリズム』（日刊現代）には、このガストロノミーを観光と合わせた、ガストロノミーツーリズムで活性化を図ろうとする地域が増えていること、また、このガストロノミーツーリズムが世界から注目を集めている様子、そしてそれが、日本の経済発展の起爆剤になると予想されることがわかりやすく書かれています。

このガストロノミーのど真ん中にあるのが、発酵と言えます。なぜなら、発酵は芸術性、歴史、科学、社会学的な要素がとても豊富だからです。

芸術とは、創造性を表現する行為であり、発酵食品の製造もまた創造的な行為です。発酵食品をつくるとき、発酵食品の製造者はそれぞれに自分の好みや目指す味を追求するために、異なる材料や発酵の手法を選び、発酵食品をつくり出します。これはまさに芸術家が絵を描くプロセスに似ています。

また、発酵食品は人類の歴史と深く結びついています。世界のあちらこちらで発酵食品が生まれ、それぞれの生活文化を通じて様々に発展してきました。日本の醤油や味噌、韓国のキムチ、ヨーロッパのワインやチーズなど、発酵食品は各地の歴史と文化に深く根ざしています。

生活文化の一部として存在する発酵食品は、それぞれの地域や国において、重要な社会的役割を果たしています。例えば、祭りや特別な日に特定の発酵食品が出されるといった風習は、その社会における生活の一部となっています。

「美食」のペアリングには欠かせない、清酒、ワイン、ビール、コーヒー、紅茶、中国茶などの飲み物のほとんどは、発酵が関与して生産されています。

特にアルコールが一大産業になっていることは論をまちません。食事などの際、折に触れその知識を活かした会話ができる能力は、教養あるビジネスパーソンに必要不可欠な知識といっても良いでしょう。

「麹」の世界カンファレンスの約88%が海外参加者

さて、「麹」と言えば、日本に古くからある味噌や醤油、清酒などの原料というイメージをお持ちの方も多いと思います。2006年には日本醸造学会により麹菌が「国菌」に認定されました。他に国の菌を指定している国は、私が知る限りではないようです。

さて、その日本の発酵食品のもとになっている「麹」についてのオンラインカンファレンス「Kojicon」(https://kojicon.org/)が、アメリカ・コネチカット州の教育機関・イエローファームハウスエデュケーションセンターにより2021年から開催されています。主催者によると、第1回目の参加者は100名程度の予想であったところ、その6倍の600名の参加がありました。

「麹」のカンファレンスとなれば、当然日本人が多数参加し、議論をリードしていると想像されるのではないでしょうか。

私も3回目となる2023年3月に、プレゼンターとして招かれ、60分程度「麹」についてセミナーとディスカッションをしたのですが、このカンファレンスの35人のプレゼンターのうち、日本からの参加者はたった4人(うち1人はアメリカで醤油工場を経営されている方)でした。その他は、ニューヨーク、ボストンなどのアメリカ国内はもとより、スイスのチューリッヒ、インドのムンバイ、オーストラリアのメルボルンなど、世界各地から参加されている方でした。

実際、ここ10年ほどで、当社には世界各国から種麹（麹菌）が欲しいという問い合わせが増えており、左の図の通り、すでに五大陸すべてに当社の麹菌を送付した実績があります。

このカンファレンスでは、工業的なテーマから家庭レベルまで、様々な話題が取り上げられました。例えば、「Novel and modern application of koji to spirits（麹の蒸留酒への斬新で現代的な応用）」「Preserving Food with Koji at Home（家庭でできる麹を使った食品保存）」などの演題を、外国の方が、スピーチ、ディスカッションしているのです。

「KOJI（麹）」はすでに、ワールドワイドな単語になっており、日本人がいなくても、世界中の人の間でどんどん議論が進んでいます。「麹」のことなら日本に圧倒的なアドバンテージがあるとは言えず、むしろカンファレンスでは日本人の存在感はほとんどありませんでした。

北米の酒造組合とフランスでつくられる伝統味噌

2019年、「北米酒造組合」という組合が誕生しました。

糀屋三左衛門・ビオックの「麹菌」 海外出荷先

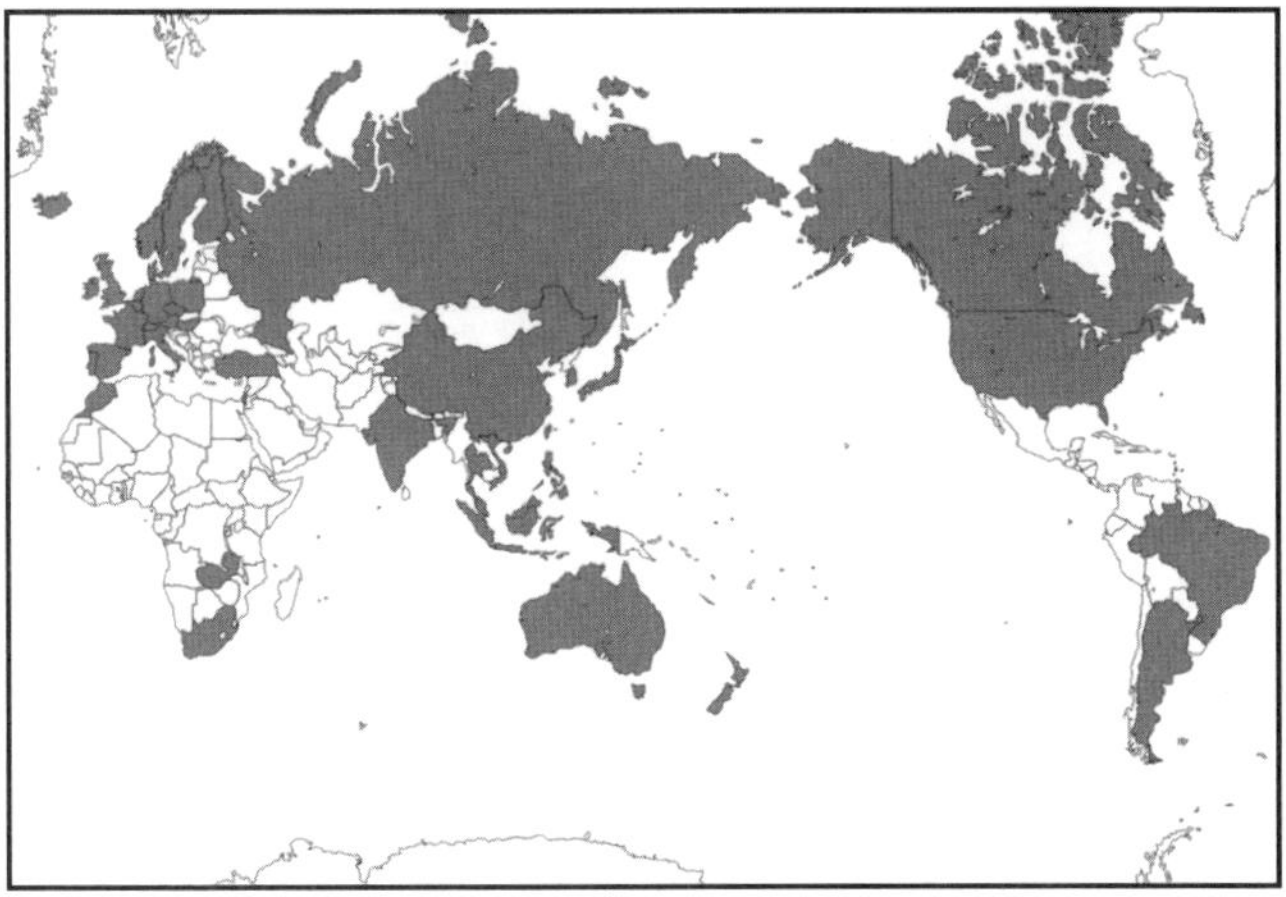

この組合には、北米地区でＳＡＫＥ（現在、「日本酒」は日本国産の米を用いて、日本国内で生産された清酒に使う用語とされているため、本書では海外で生産される清酒は「ＳＡＫＥ」と表記します）を生産する生産者はもちろん、米農家や、関連機器や資材の販売会社、小売や流通・マーケティング関係の会社も加入しています。なかでも注目は、ＳＡＫＥを生産する会社だけでも20近くの酒蔵が加盟していることです。

彼らは、アメリカで生産された米と、アメリカの水でＳＡＫＥをつくっています。もはや、清酒の製造は日本の専売特許ではありません(麹に関しては､日本の種麹メーカー3社が加盟しており、麹の使い方についてバックアップしています)。

組合のWebサイトによれば、活動の重点分野として、一般消費者へSAKEの知識を広めていくこと、醸造家の技術を高めていくこと、そして、政府機関にSAKEの製造や販売に関する法整備の働きかけをすることを掲げています。

このことから、SAKEがアメリカで一定規模のマーケットになる動きが本格化していることがわかります。

実は、これまでもアメリカではSAKEがつくられていました。1990年代後半より日本からアメリカへの進出が始まり、国内大手清酒メーカーがアメリカの現地工場で清酒を生産するようになりましたが、販売対象者は現地日本人や日系人コミュニティ、あるいは寿司や天ぷらなどの和食レストランが主だったようです。端的に言えば、日本資本による日本に親和性のあるコミュニティへの販売が主流でした。

しかし、2010年代以降になると、非日本人が非日本人を対象に、SAKEを製造し販売する流れが生まれました。これが、「北米酒造組合」の設立につながります。

彼らは非日本人を対象にしたマーケティングを行い、斬新なラベルデザインに、商品の設計についても、日本における「日本酒」の定義からは外れますが、フルーツやハーブなどを組み合わせ、イノベーティブなSAKEを製造しています。

もちろん、日本資本勢も負けてはいません。

例えば、2023年、ニューヨーク州に旭酒造が新たに工場を建て、海外生産を本格化させました。また、同じく2023年、フランスのパリでSAKEを製造していた清酒ベンチャーであるWAKAZEが、すでにアメリカに進出していた宝ホールディングスと資本提携し、アメリカに進出、そしてパリを中心にヨーロッパ方面への生産量、販売量を加速させています。

SAKEに限らず、他の日本の伝統的な発酵食品も、現地の人が現地のコミュニティのために製造、販売する動きが出てきています。

「養老味噌」という味噌メーカーはパリに拠点があり、パリに工場を持つ、フランス人による味噌メーカーです。彼らのWebサイトのトップには「フランス産、麹と味噌の伝統製法」とキャッチフレーズが掲げられています。

他にも、スイス、オランダ、イタリア、スペインなど、ヨーロッパの大半の国で、現地の人が日本風の味噌や醤油を製造しています。まだSAKEのように大規模な資本レベルにはなっていませんが、近い将来、同じような動きになると予想しています。

発酵はフードテックの最先端

発酵はすでに、食の最先端技術であるフードテック分野では大きな潮流となっています。代表的な事例は、「代替タンパク質」の分野です。

代替タンパク質とは、肉や魚などの動物のタンパク質の代わりになるもののこと。タンパク質は人間にとって欠かせない栄養素ですが、地球全体の人口がまだまだ増えると予想される中で、人類がタンパク質を動物を中心に摂取し続けることが、環境への負荷になると問題になっています。他にも、倫理上の理由やアレルギーなどの体質的な理由など、様々な理由から肉や魚を食べない人、もしくは少しでも減らしたい人たちがいます。

そんな中、肉や魚に代わる代替タンパク質に注目が集まっており、2030年にはその市場規模は3兆円を超えるとも言われています。

その代替タンパク質をつくる方法の1つとして、発酵に注目が集まっているのです。

代表的なのが、アメリカのPerfect Day社の取り組みです。Perfect Day社は、微生物を利用して「牛乳」を生産する技術を開発しました。そして生産された「牛乳」をもとに、ヨーグルトやアイスクリームなどの「乳製品」を開発、すでに一般に流通しており、アメリカでは大手スーパーなどで購入することができます。

このような技術の基礎にあるのが「精密発酵」と呼ばれる技術です。これは、微生物につくりたい物質を生産するための遺伝子を導入してその微生物を培養し、微生物に物質をつくらせること、すなわち発酵させることで、狙ったとおりの物質を生産する技術です。

他の事例としては、イスラエルのRemilk社も、乳タンパク質の代替となるタンパク質を精密発酵で生産する技術を研究しており、デンマークに世界最大規模の精密発酵工場の建設を計画しています。

また、アメリカのThe EVERY Company社では卵のタンパク質を代替する技術を開発していますし、同じくアメリカで代替肉を研究しているMotif FoodWorks社も様々な代替タンパク質の製造法の中で、精密発酵に注目し、関連企業との連携を進めています。

この4社はそれぞれ、2023年現在でParfect Day社の7億ドルを筆頭に、いずれも累計1億ドル以上の資金調達に成功しています。他のスタートアップも合わせると世界全体では年間で16億ドル以上の投資が集まっています。この事実だけでも、発酵がビッグビジネスになりつつあることがわかるかと思います。

なぜ、こんなにも発酵技術を取り入れているのでしょうか。

それは、牛や豚などの畜産で同じ量のタンパク質を生産しようとすると、牧場のように広大な土地と多くの飼料が必要だからです。大豆でタンパク質を補おうとしても、この場合も広大な農地が必要になります。一方、微生物の発酵タンクは畜産や農業に比べると圧倒的に狭い土地に設置でき、餌を大量に用意する必要がありません。

また、漁業や狩猟など天然の資源を採取する方法と比べると、タンクの中で培養が完結する発酵は、環境への負担が少ないタンパク質の入手方法だと考えられています。

他にも、家畜や魚などの動物は産まれてから食べられるまでに半年から数年かかりますが、微生物の培養スピードは、数日から数週間でも十分な増殖が可能であり、この点でも効率的でエネルギーなどの負荷が少ない生産方法と言えるでしょう。

さらには、遺伝子をコントロールすることにより、例えばビタミンなど栄養となる物質を付与した牛乳、あるいは、糖分やコレステロールなどが少ない牛乳を生産することも可能とみられています。

日本の発酵を使ったテクノロジー

日本でも、発酵を利用した代替タンパク質の研究は進んでいます。例えば、麹菌の菌糸

（菌糸とは、カビが生えたときに見られるひょろひょろとした長い毛のことです）を代替タンパク質の素材として用いる研究が進められています。

また、「食」の分野以外では、山形県鶴岡市に本社を置くSpiber社が、微生物発酵による繊維の開発を進めており、2021年には300億円を超える資金調達を行いました。

今、石油など枯渇性資源由来の繊維や、あるいはカシミアやウールなどの自然由来の繊維であっても、衣服になった後の廃棄と再資源化にコストがかかることが問題になっています。

そんな中でSpiber社は、微生物に植物由来の原料から繊維をつくらせるだけでなく、生産された繊維を廃棄の過程まで自然の循環に組み込むことを目指しています。石油などの枯渇性資源由来の繊維と比べると環境に与える負荷が小さく、サステイナブルな繊維として今、注目を集めています。

様々な発酵食品がある日本は、発酵を使ったテクノロジー分野において、大きなアドバンテージを持っていると言われています。日本が非常に多くの種類の発酵食品とともに積み重ねてきた技術や経験は、まさに、これらのテクノロジーを実現していくために必要な微生物を大量に培養する技術とつながるからです。

しかしながら、海外のフードテック企業に比べると、日本の存在感が大きいとは言い難いのが現状です。

世界を席巻する発酵ガストロノミー

ガストロノミーの分野の中心にも、「発酵食品」があります。

この話をするにあたり、コペンハーゲンにある世界有数のレストラン「noma（ノーマ）」を取り上げないわけにはいきません。

noma は、世界の１０００人以上の美食家の投票によって決まる「The world's 50 Best Restaurants」において、幾度も1位に輝いているレストランです。

２０２３年の春には京都でポップアップレストランを開催しました。１泊２食付き25万、ディナーのみで10万円でしたが、２カ月の会期中の席が、わずか10分でソールドアウトしました。まさに、世界を代表する人気レストランです。

その noma が、２０１４年に発酵の研究所を設立しました。これが契機となり、ガストロノミーレストランで発酵を料理技法として取り入れることがブームになりました。

noma が出版し、世界の発酵に注目するシェフの間でベストセラーになった『The Noma Guide to Fermentation』（邦題：『ノーマの発酵ガイド』レネ・レゼピ、デイヴィッド・シルバー／KADOKAWA）では、麹菌などの微生物を用いた様々な斬新な調理技法が紹介されていますが、その発想と技術は驚きのものです。

例えば、日本の醤油の技法を使い、大豆でなくコーヒー豆を用いてソースをつくる、など。同じ豆だとしても、従来の醤油づくりのイメージにとらわれていては、とても思いつかない発想です。

最古の調理技法である発酵が、現代的な解釈により新たな味覚を創造する、そんな先進的な取り組みが、世界のあちらこちらのガストロノミーレストランで行われているのです。


日本政府もガストロノミーと観光をつなぎ合わせようとしています。

２０２３年には観光庁がガストロノミーツーリズムのために、13のモデル地域を設定しました。そのほとんどの地域に魅力的な独自の発酵食品とその文化が存在しています。

例えば、北陸エリアにおいては、石川県の魚醤、「いしる」がありますし、富山県のます寿司はお土産の定番です。福井県には若狭湾の海がもたらした「へしこ」があります。

このように、特徴的な地域には、必ずと言っていいほど特徴的な発酵調味料や発酵食品が存在しています。

文化庁も、海外へ日本の食文化を発信するために、新たに食文化推進本部を京都に設置しました。

文化庁が指定した登録無形民俗文化財には、「讃岐の醤油醸造技術」「土佐節の製造技術」「能登のいしる・いしり製造技術」「近江のなれずし製造技術」の4つがありますが、これらはすべて発酵食品です。

また、2013年に「和食」がユネスコの無形文化遺産に登録されましたが、今、「和食」だけでなく、日本酒、焼酎、泡盛も登録する気運が高まっています。

この気運の中心になっているのが「日本の伝統的なこうじ菌を使った酒造り技術の保存会」という団体で、産学民の様々なメンバーが参加しています。

注目していただきたいのは、団体名に「こうじ菌」と微生物の名前が入っていることです。酒づくりの技術の中でも、「麹菌」が特に重要だということの表れと言えるでしょう。

これからの日本経済を引っ張るのは観光産業と言われています。そして、その観光産業の中心にあるものがガストロノミー、そのガストロノミーの中心にあるのが発酵です。

まさに発酵は、今ビジネスパーソンが身につけるべき教養の1つと言えるでしょう。

第2章

発酵の基礎知識

「発酵」と「腐敗」の違い

発酵は、世界共通の客観的な定義のある概念ではありませんが、前章では、発酵とは、「微生物の活動によって物質が変化すること」と紹介しました。

発酵の第一人者、小泉武夫先生の著書『発酵―ミクロの巨人たちの神秘』（中央公論新社）では、発酵について次のように書かれています。

「筆者なりに定義すると、『細菌類、酵母類、糸状菌（カビ）類、藻菌類などの微生物そのものか、その酵素類が有機物または無機物に作用して、メタンやアルコール、有機酸のような有機化合物を生じたり、炭酸ガスや水素、アンモニア、硫化水素のような無機化合物を生じ、なおかつその現象が人類にとって有益となること』となる」

その他、多くの辞書、辞典類で発酵を紐解くと、すべてに共通して、「微生物が関わっている」「物質が変化する」「その変化が有益である」ということが記されています。

一方、発酵以外でも「微生物によって物質が変化する」ことがあります。食べ物が腐る、すなわち腐敗するという現象です。これも、微生物の働きによって、物質が変化しているという点では同じです。

であるならば、「発酵」と「腐敗」を分けるものとは何でしょうか。

それは、われわれ人間が主観的にどう思うか、です。シンプルに言うと、人間にとって役に立てば「発酵」、役に立たない、あるいは害になれば「腐敗」になります。

牛乳に乳酸菌が湧いてヨーグルトになる。これは、人間にとって役に立つので「発酵」、しかし、梅雨時に牛乳を外に1日置いたことで大腸菌という微生物が湧き、食中毒が起こってしまったら、「腐敗」と言います。

また、科学的には全く同じ現象でも、人間がどう解釈するかによって「発酵」になったり、「腐敗」になったりするものがあります。

例えば、東海地方でよく食べられる豆味噌をつくる際には、まず大豆に麹菌を生やした豆麹をつくります。この豆麹をつくるときに、麹菌ではなく納豆菌が生え、大豆がネバネバと糸を引いてしまうことがあります。これは、麹をつくりたい立場からすると、「腐敗」です。実際の現場でもこれを納豆麹と言って、麹づくりの失敗例の1つに挙げます。

しかし、納豆をつくろうとして、大豆に納豆菌が生えて大豆が糸を引いたら、それは「発酵」となるわけです。逆に（こちらのパターンはあまりないのですが）、納豆をつくろうとして、カビの仲間である麹菌が生えてしまえば、「腐敗」となります。

つまり、「発酵」と「腐敗」は、微生物が引き起こす現象に対して、人間が勝手にそれを分類しているだけなのです。

他にも、ある文化の人にとっては「発酵」であり、ある文化の人にとっては「腐敗」ということもあります。中世に日本に来た宣教師が、日本人は魚の内臓が腐ったものを食べていると記録していますが、これは塩辛のことを指しています。塩辛を食べ慣れている文化の人にとっては、イカの塩辛は、イカをイカの内臓と塩水につけて発酵させた食品かもしれませんが、そうではない文化の人にとっては、イカの内臓が腐敗しドロドロに溶けて異臭を放つ物体なわけです。

話を一般化しましょう。自然科学的な見方をすれば、納豆は身体に良いから「発酵」である一方、麹をつくる工業的な観点から見れば「腐敗」です。また、社会科学的な見方をすれば、日本では納豆は食習慣として取り込まれているので「発酵」であっても、外国では食べる習慣がなく、捨ててしまうのであれば「腐敗」となりえるのです。

「発酵」と「醸造」の違い

発酵と腐敗の違い

<例>豆味噌をつくろうとした場合

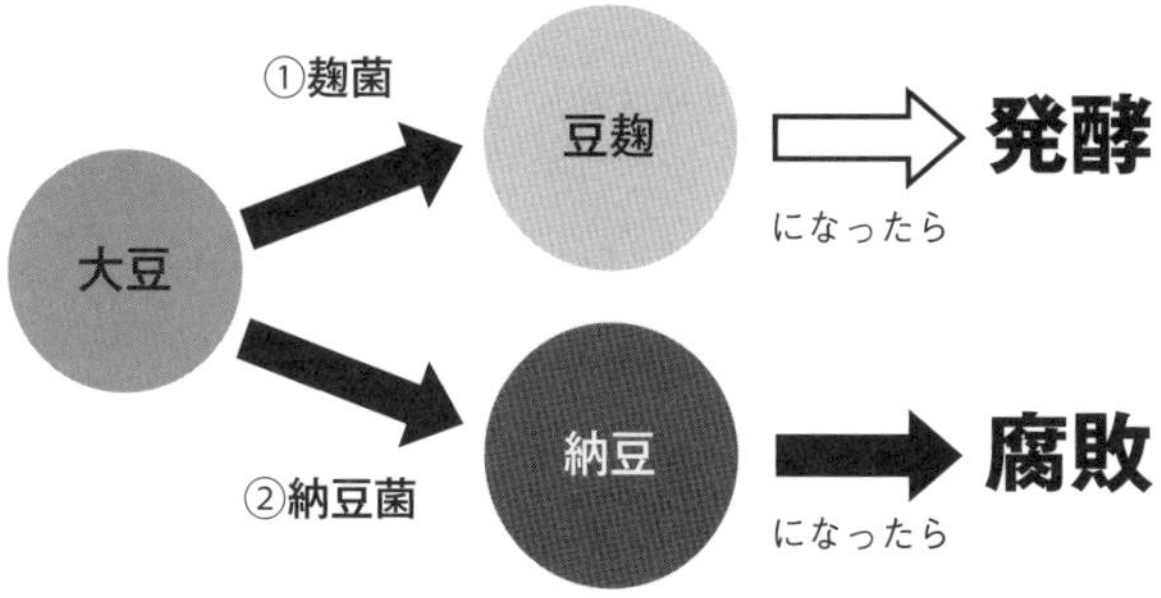

納豆をつくろうとした場合であれば、②が「発酵」になる

発酵によく似た言葉に「醸造」があります。

醸造という言葉は、清酒、ビール、ワイン、焼酎、みりんといったアルコール類や、醤油、酢、味噌などを製造する過程で使われることが多いです。発酵食品の中でも、長期的で複雑な工程があるもの、また、製造工程の途中で、液状ないし半固体状で、ドロドロとした状態が存在するものに用いられます。

逆に、発酵食品であっても、漬物やチーズ、鰹節、パンなどの発酵食品には一般的に醸造という言葉が使われることはありません。

漬物、チーズ、鰹節、パンなどをつくるときは、「漬物を発酵させる」「チーズを発酵させる」という表現を用います。

この違いは何でしょうか。

「醸造」の「醸」という字は、お酒を意味する酉（トリ）偏に、豊かな状態を意味する裏（ジョウ）というつくりから成り立っています。裏とは、祓《はら》い清めるという意味があり、「発酵」よりもこれから食品をつくろうという強い意志や、食品そのものに対する敬意のようなものを感じます。

日本語よりも、英語で考えたほうがわかりやすいかも知れません。

「発酵」は英語で言うとfermentation（ファーメンテーション）、「醸造」は英語で言うとbrewing（ブリューイング）です。英語に直したとき、「醸造」は動詞からきた名詞であることを示す「ing」が付いています。このことから、「醸造」は人間の関与度が高いニュアンスを持つことがうかがえます。

teachにerがついてteacher（ティーチャー）、listenにerがついてlistener（リスナー）となるように、brewにerがつくとbrewer（ブリュワー）となります。醸造家のことをブリュワーと言ったり、醸造所のことをブリュワリーと言ったりします。

一方、ferment（ファーメント）にerをつけたfermenter（ファーメンター）という表現を人に使う例はあまり見かけません。fermenterとは、一般的には発酵に使う槽のことを指します。

このように、「発酵」という言葉は微生物の成り行きに任せている、「醸造」という言葉は「発酵」よりも目的意識を持って製造するという感覚がある単語と言えるでしょう。

しかし、これもまた、何か厳密な定義があるわけではありません。

ブドウがワインに発酵するとも言いますし、ブドウをワインに醸造するとも言います。ただ、後者のほうがより積極性が感じられます。

ちなみに、ワイン醸造だけを示す英語単語としては、vinification（ヴィニフィケーション）という単語もあります。動詞ではvinify（ヴィニファイ）です。ifyとは「〜にする」という意味があり、vine（ヴァイン）とくっついて、「ワイン化させる」という動詞になります。

このように、「発酵」か「醸造」かは、人間がどこまで微生物が物質を変えていくプロセスをコントロールしたいかによって用語を使い分けているとも言えるでしょう。

この「人間がどこまで微生物のプロセスをコントロールしようとしているのか」「どこまで主体的に関わろうとしているのか」という視点は、発酵を理解していく上で大切な視点ですので、この後の章でも解説していきます。

発酵に関わる微生物

さて、これまで「微生物」と繰り返してきましたが、発酵に使われる微生物は大きく3

種類に分けることができます。

具体的には、

①カビ
②酵母
③細菌

と呼ばれる3つです。

これら3種類の微生物の大きさは、「細菌↓酵母↓カビ」の順に大きく、酵母・細菌が目に見えないのに対し、ブルーチーズの青カビのように、カビは人間の目で見ることができます。

発酵食品に使われる代表的なカビは、麹菌です。その他、テンペやチーズに生えるカビなどがあります。

酵母には、主に糖をアルコールに変える酵母や、炭酸ガスを発生させてパンを膨らませるパン酵母などがあります。パン、ビール、ワインなどは、酵母を利用した代表的な発酵食品です。

カビ、酵母、細菌の違い

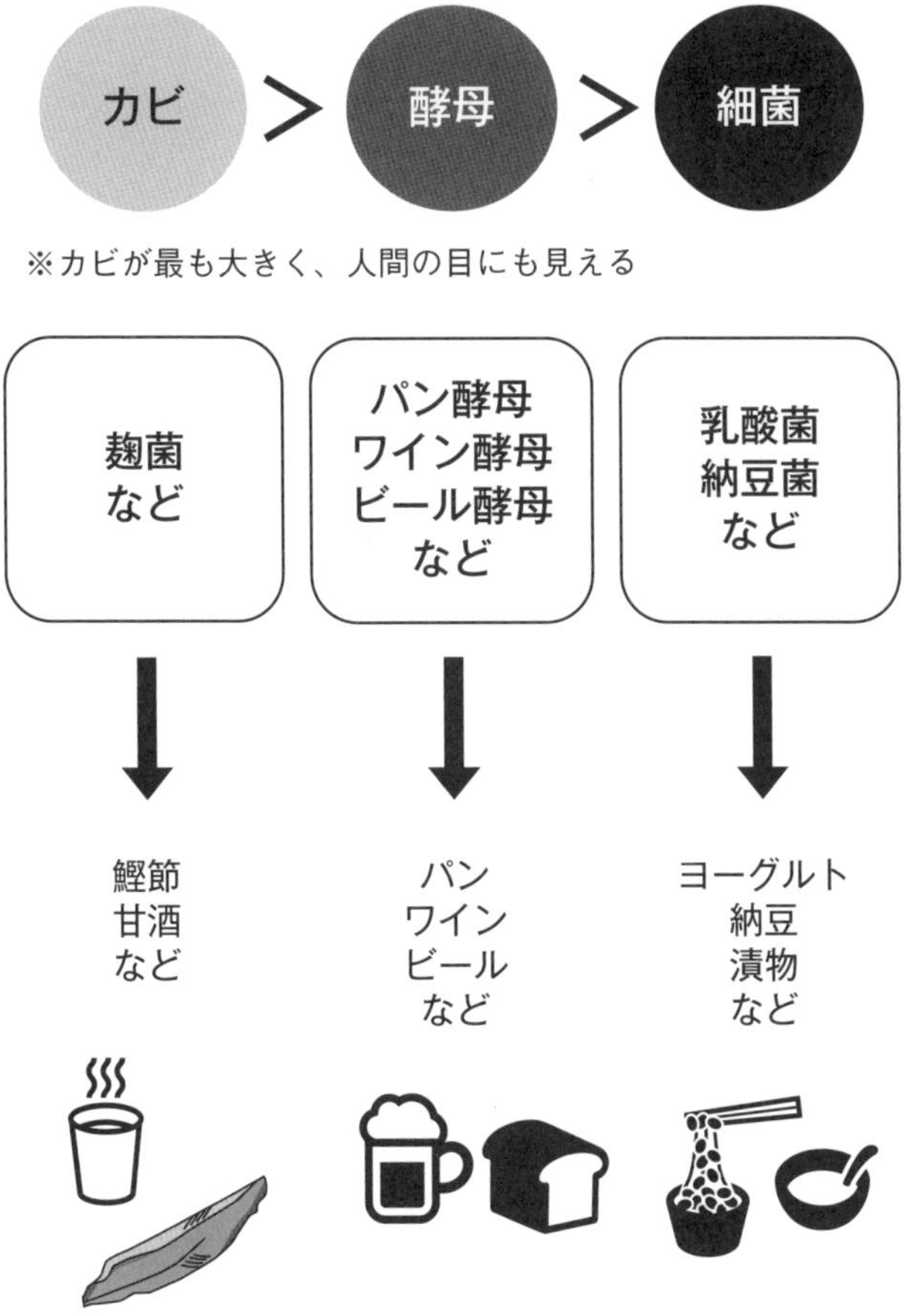
カビ
＞
酵母
＞
細菌
※カビが最も大きく、人間の目にも見える
麹菌
など
パン酵母
ワイン酵母
ビール酵母
など
乳酸菌
納豆菌
など
鰹節
甘酒
など
パン
ワイン
ビール
など
ヨーグルト
納豆
漬物
など

ちなみに、よく混同することが多いのですが、「麹」と「酵母」は全く別物です。響きは似ていますが、「麹」はカビの仲間、「酵母」は別カテゴリーです（50ページで詳しくお話しします）。

細菌は、カビと酵母以外の発酵にかかわる微生物すべてです。具体的には、乳酸菌、納豆菌、酢酸菌などがこの細菌に該当します。

これらの細菌を利用した発酵食品には、チーズやバター、ヨーグルト、漬物、納豆、酢などがあります。

発酵食品の中には、左の図のように、カビ、酵母、細菌のうち、複数の微生物が関与している発酵食品があります。例えば、焼酎や泡盛の製造には、「麹菌というカビ」と「アルコールを生産する酵母」の2種類の微生物が用いられます。

チーズは、細菌に分類される「乳酸菌」と「カビ」の2つの微生物が使われていることになります。

カビ、酵母、細菌、3種類すべてを使うのが、味噌、醤油、清酒などの日本の発酵食品です。

これらの発酵食品のつくり方の詳細は後述しますが、まずは、3種類の微生物すべてを使うことが日本の発酵食品の特徴であることを覚えておきましょう。

発酵食品には複数の微生物が関与しているものがある

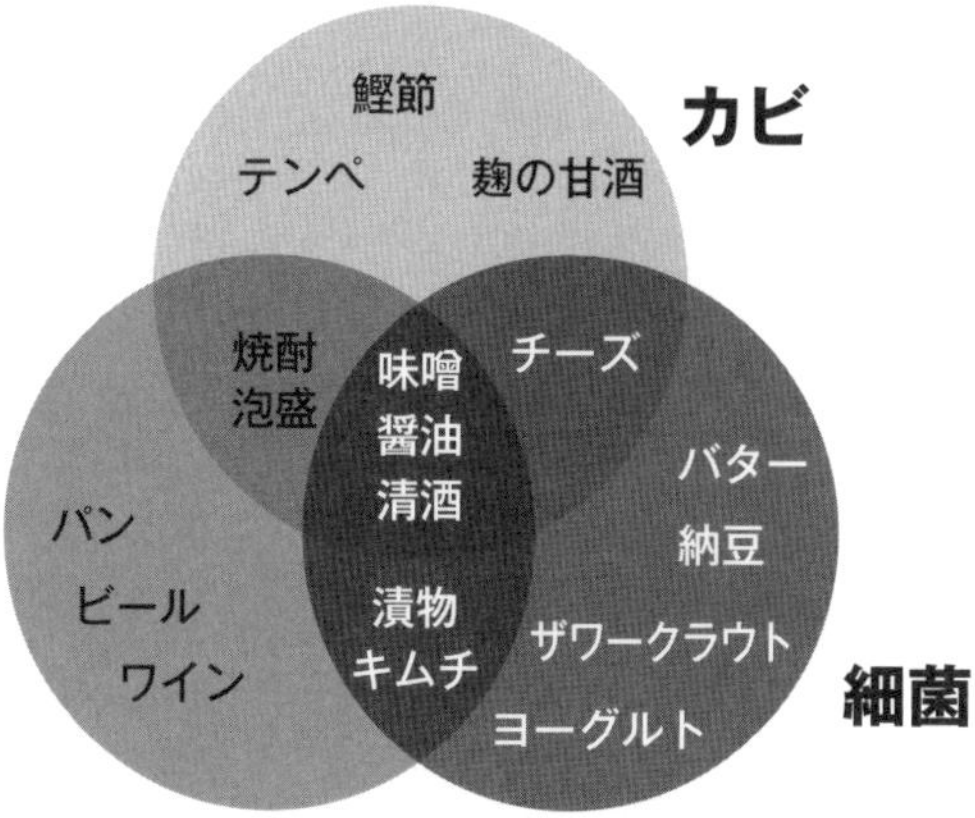

発酵することで得られる様々なメリット

さて、そもそも人類はなぜ発酵食品をつくるのでしょうか？

それは、次の4つの機能から説明することができます。

①栄養機能
②嗜好機能
③生体調節機能
④保存性

そもそも、食品には3つの機能があるとされています（参考／昭和59－61年度 文部省特定研究「食品機能の系統的解析と展開」）。1つめは私たちの身体の材料やエネルギーとなる「栄養機能」、2つめは匂いや美味しさで私たちを楽しませてくれる「嗜好機能」、3つめは体調の調節や健康を維持・増進する「生体調節機能」です。

「栄養機能」と「生体調節機能」の差がわかりにくいのですが、直接的に身体をつくったりエネルギーになるものが「栄養機能」、できあがった身体をスムーズに動かしたり、病気になるのを防いだり、不調からの回復を早めたりすることが「生体調節機能」です。

発酵食品は、このすべてに関わるとともに、さらに、食品の「保存性」を高めるという機能もあります。それぞれ詳しく見ていきましょう。

①栄養機能

食品は発酵させることによって、カロリーやタンパク質が摂取しやすくなります。

皆さんも節分で大豆を食べたことがあるかと思いますが、大豆をそのままの形でたくさん食べると、口の中がパサパサしますし、消化にも悪いです。

しかし、麹菌などで発酵させて味噌にして味噌汁として飲めば、消化・吸収しやすくなり、栄養を摂取しやすくなります。大豆に含まれるタンパク質やデンプンが、発酵のプロセスによってアミノ酸や糖という物質に変えられて、摂取しやすくなるという現象が起きるのです。

お米をドロドロの甘酒にすれば、消化・吸収しやすくなるというのは、よりわかりやすい例かもしれません。江戸時代には、甘酒は夏場のカロリー補給として重宝されていました。

他にも、米が麹菌によって発酵すると、ビタミン類がもとの米が持っている以上に増えるということが知られています。

これまで発酵は「微生物の活動によって物質が変化すること」と述べてきましたが、発酵のもとになる食品に含まれる物質を変化させて、必要な栄養素を新たに生み出したり、あるいは、人間にとって消化・吸収しやすく変化させたりすることも、発酵の大きなメリットと言えるでしょう。

②嗜好機能

肉を塩麹につけると手軽に美味しくなりますが、まさにこれが、発酵食品による「嗜好機能」の向上です。

麹の働きによって、肉の中のタンパク質がアミノ酸という物質に変わり、このアミノ酸が人間の舌に触れると、「うま味」として認識されるのです。ブドウがワインになったり、白菜がキムチになったり、イカが塩辛になったり、大豆が納豆になったり、麦がビールになったりと、発酵することで、それぞれ、もとの食品とは異なる味や匂いになります。様々な形の発酵食品にすることで食材が美味しくなり、人間はいろいろな食べ物を食べられるようになりました。

例えば、生の魚を発酵食品なしで食べることはあまりありません。とても新鮮な魚であれば塩だけでということもありますが、西洋のカルパッチョならソースにビネガーや酢、東洋の刺身なら醤油など、生の魚を食べるときは発酵食品を使って食べることが多いです。もし、人類が発酵という食品加工手段を持っていなかったら、私たちが食べられる食品の数はグッと少なくなっていたことでしょう。

③生体調節機能

食品の機能として、身体の調子を整える「生体調節機能」が注目されるようになったのは、「栄養機能」「嗜好機能」に対して比較的新しく、そのため、発酵食品においても、この機能は様々な研究と発見が次々と進行している段階です。

代表的なものを取り上げれば、大豆に含まれるイソフラボンは、大豆を麹にすると増加することなどです。他にも、多くの発酵食品に含まれるオリゴ糖も、人間の腸内の環境を整えるために有用と考えられています。

現在、発酵食品が健康面から注目を浴びているケースはほぼ、この「生体調節機能」への注目と言って良いでしょう。

④保存性

食べ物の保存性は発酵食品にすることで、圧倒的に高くなります。例えば、生の魚は夏場であれば1日で腐ってしまうことがあります。そのため、夏が旬の魚が夏場にたくさんとれたとしても、それをそのままの状態で冬までとっておくことはできません。また、牛や豚などの畜産に比べると、計画的に生産量をコントロールすることが難しいでしょう。「サンマが大漁」「マグロが不漁」などは聞いたことがあると思いますが、「今年は牛肉が豊作です」のような話はあまり聞いたことがないと思います。

今でこそ養殖技術が一部の魚介類では発達していますが、それでも、そのときの自然環境によって量にバラツキがあり、また、牛、豚、鶏などの家畜類に比べると、旬の時期がハッキリしています。

そこで、時期を問わず魚を食べるために、例えば塩と混ぜたり、酢と混ぜたりして発酵させるのです。そうすることで、魚の保存性を高めることができます。塩辛にしたり、あるいは鮒《ふな》寿司などのお寿司にしたりすることで、1日単位で消化しなければいけなかったものが、数カ月、数年単位で持ち越しが効く食品となります。

世界の発酵食品の傾向については第4章で触れますが、肉よりも魚をタンパク質源とする東南アジア地域で、魚の発酵食品が多く存在するのは偶然ではないでしょう。

また、発酵させることで保存性が高まることは、穀物や野菜でも同じです。蒸した大豆はそのままでは、すぐに雑菌が侵入して食べられなくなります。しかし、大豆を味噌にしておけば、数カ月、数年単位の保存が可能な保存食になります。

戦国時代、兵士は味噌を携行したと言われています。大豆をそのままバリバリかじるのでは消化に悪く、だからと言って、戦場で悠長に大豆を煮て調理している暇はありません。大豆を煮て持ち歩いていたら腐ってしまいます。そこで、水に溶かせばすぐに食べることができ、消化も良く、保存性の高い味噌が携行食品として価値を持ったのです（もちろん、大豆由来のタンパク質をはじめ栄養価が高いことも、携行食として好まれた理由に挙げられます）。

このように、食品を発酵させることで得られるメリットは、数多くあります。

「麹」「酵母」「酵素」の違い

続いて、発酵を理解するために重要な概念、「麹」「酵母」「酵素」について解説していきましょう。

「こうじ」「こうぼ」「こうそ」と、ひらがなにすると、すべて一文字違い、そのうえ酵素と酵母は漢字までよく似ているので、混乱する人が多くいらっしゃいます。

発酵のことがよくわからなくなるのも、大きな要因はこの混乱によるものです。逆に言えば、この3つの違い、とりわけ「酵素」についてわかれば、発酵を原理的に理解したと言っても過言ではありません。

「麹」と「酵母」については、すでにお話ししてきました。日本で発酵に使う微生物は3種類で、そのうちの2つが、麹菌を含むカビと「酵母」でした。

「酵母」は微生物なのです。そして、麹菌（カビ）が米や麦や豆に生えたものが「麹」です。麹は発酵食品をつくる原料として使われたり、最近では、塩麹のように麹自体を直接食べることもあります。

「こうじ（麹）」……米や麦や豆などに麹菌が生えた食品原料
「こうぼ（酵母）」……微生物そのもの

では、「酵素」とは何でしょうか。

酵素は、物質です。私たちの身体の中で消化や吸収、代謝など、ありとあらゆる活動を促進する働きを担っています。その種類は数千種類にも及ぶとされています。そ酵素は、生き物の体内で生み出されますが、そのすべての働きを紹介すると辞書1冊分程の量が必要になるため、本書では、発酵に関わる酵素、の中でも代表的なものだけを取り上げましょう。

代表的な酵素の1つに、「アミラーゼ」があります。この酵素は、私たちの唾液にも含まれており、口の中に入っているデンプンを糖に変える働きをします。

さて、発酵とは「微生物の活動によって物質が変化すること」とお伝えしてきましたが、微生物が物質を変化させるときに使う「道具」が「酵素」なのです。


アミラーゼがデンプンを糖に変えるという現象を詳しく見ていきましょう。

デンプンは高分子化合物と呼ばれる物質です。高分子とは簡単に言えば、他の物質よりも大きいものを指します。

人間が体内で消化するには大きすぎて取り込めないため、デンプンを小さく壊す必要があります。そのためのペンチやハサミのようなものが、酵素なのです。

混乱しやすい「麹」「酵母」「酵素」の違い

- こうじ（麹）……………………食品原料
- こうぼ（酵母）……………………微生物
- こうそ（酵素）……………………物質

つまり、酵素であるアミラーゼは、高分子であるデンプンを分解して糖にし、体内に取り込めるようにしているわけです。

こうして、食べ物を体内に取り込んでいくプロセスを「消化」と言います。

実際にパンやご飯を噛んでいると、だんだんと甘くなってきますが、唾液の中のアミラーゼがリアルタイムで口の中のパンやご飯のデンプンを糖に変えているからです。

人間は高分子のデンプンのままでは味を感じることができません。糖になって初めて甘味を感じることができます。

ちなみに、1つの反応に対して1つの酵素が専用に働きます。デンプンを細かく切るのはアミラーゼですが、アミラーゼがタンパク質を切ることはできません。一方で、タンパク質を切る酵素であるプロテアーゼがデンプンを切ることもできません。

プロテアーゼはタンパク質を切ることでアミノ酸に変化させます。アミノ酸になることで、人間はうま味を感じることができるようになります。

この、デンプンを糖に変えるアミラーゼ、タンパク質をアミノ酸に変えるプロテアーゼが、発酵に関わる酵素としては代表格ですが、他にも脂肪を分解するリパーゼ、繊維質を分解するセルラーゼなど、様々な酵素があります。

また、酵素は特定の環境でしか働くことができません。温度としては、人間の体内で働く酵素は体温と同じくらいの35～40度で活発になるものが多いです。

環境が酸性かアルカリ性かによっても、比較的強い酸性やアルカリ性の環境でも働くことができるもの、中性に近い場所でないと働けないものなど様々です。

発酵によって起きていること

では、食材が発酵するとき、酵素はどのような働きをするのでしょうか。

麹菌は、自分の身体の外に酵素であるアミラーゼやプロテアーゼを分泌することができます。

酵素の役割

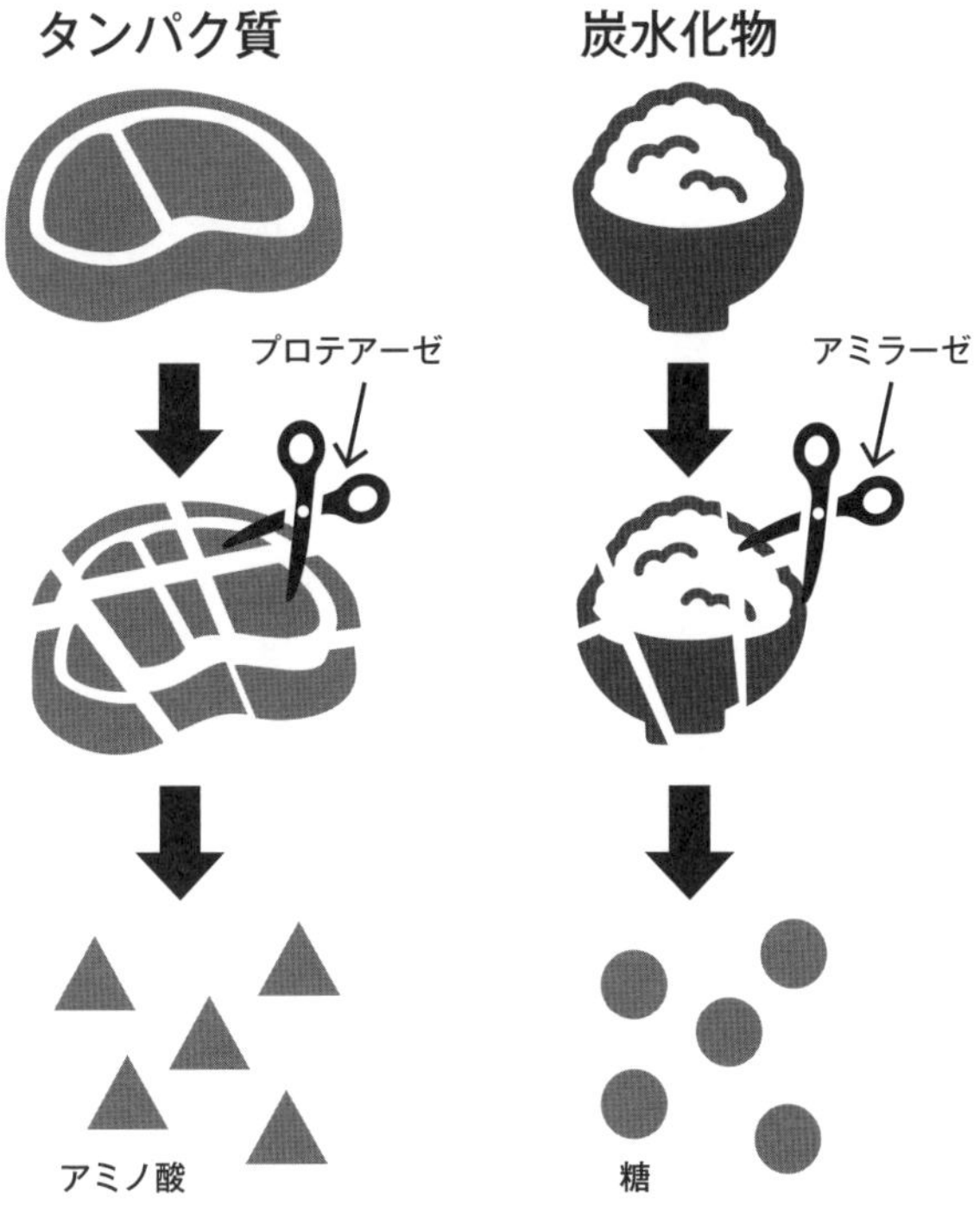

プロテアーゼ……タンパク質をアミノ酸にする酵素
アミラーゼ………炭水化物を糖にする酵素

酵素は物質を切って変化させるハサミ！

そのため、麹菌が生えている麹には、麹菌が分泌したアミラーゼやプロテアーゼなどの酵素がたくさん含まれています。

例えば、その麹を米と混ぜると、麹の中に存在するアミラーゼが米のデンプンと反応して、デンプンを切り刻み、糖に変えます。このデンプンが切り刻まれて糖に変わった甘い液体が、甘酒です。

また、この糖は、お酒の発酵においてはアルコールのもとになります。

同様に、大豆と麹を混ぜると、麹の中のプロテアーゼが大豆のタンパク質と反応してタンパク質を切り刻みアミノ酸をつくろうとします。その結果、うま味のある味噌や醤油になっていきます。

塩麹で肉が柔らかく、うま味が増すのも同じ原理です。麹に肉を漬けておくと、麹の中のプロテアーゼが肉のタンパク質を切り刻んでアミノ酸に変えるため、肉は柔らかく、また、うま味が増すことになります。

酵素について、今一度、詳しくまとめておきましょう。

・酵素はタンパク質でできた物質
・酵素は生き物が自分でつくり出すことができ、様々な反応を促進する役割がある

・酵素はたくさんの種類がある
・酵素は1つの反応に対して1つが専用に働く
・酵素は特定の環境でないと働くことができない
・発酵の過程で物質が変化するのは、酵素が働いているから

酵素はタンパク質でできた物質であり、生き物ではありません。比喩的な表現として「酵素が働く」「酵素が生きて体内に入る」「酵素が死ぬ」といった表現をしたりすることがあるため、酵素を生き物だと考えている人が多くいらっしゃいますが、酵素はあくまで物質です。

また、食べ物の中にある酵素が人間の体内で働くことは、(ごく一部の酵素を除き)基本的にはありません。酵素は肉や魚と同じタンパク質でできているので、ほぼすべての酵素は胃で消化されます。

例えば、麹菌の出したプロテアーゼ(酵素)を、私たちが腸で食べ物の消化にそのまま使うということはできません。もしも、食べ物として食べた酵素が体内でも働いたら、人間の身体もタンパク質でできていますから、内臓や血管などがドロドロに溶けてしまいます。

また、酵素はタンパク質なので熱に弱いです。肉や魚、卵などに熱を加えると色が変わったり固くなったりして、まるで違う物質のようになりますが、それはタンパク質が変化するからです。

同じように、酵素も熱を加えると変化します。熱を加えて変化してしまうと酵素として働くことはできません。

発酵食品が体に良い理由

では、酵素が体内で働くわけではないのに、なぜ、発酵食品が身体に良いのでしょうか。

それは、微生物が出す酵素が切り刻んだ、消化がよく、様々な栄養が豊富に含まれた食品を食べるからです。

しかし、「酵素」そのものが栄養素のように何か健康に良い物質である、というイメージは根強いです。さらに、「酵素は熱に弱い」「酵素は生き物である」というイメージもあり、「発酵食品は生で食べなくては酵素が死んでしまうから意味がない」という話が生まれます。

私もよく、「味噌汁は加熱するから酵素が死んでしまうという話を聞いたのですが？」

という質問を受けます。これは、誤解に誤解が重なった質問です。

このような誤解は、日本特有のものです。私が交流する海外の発酵愛好家の方で、このような勘違いをされている方はほぼいらっしゃいません。

そもそも、英語で酵母はYeast（イースト）、酵素はEnzyme（エンザイム）と表記します。ですから、日本語における「酵母」と「酵素」のように字面からの勘違いが起きようがないのです。

味噌そのものが、微生物が酵素の力でたくさん栄養を生み出した素晴らしい発酵食品なので、安心して味噌汁を加熱して良いとお伝えしたいです。

発酵食品が身体に良いのは、酵素によって産み出された様々な栄養のおかげなのです。

日本の発酵の特色「並行複発酵」

日本の発酵食品の特色として、カビ、酵母、細菌の3種類の微生物を使うとお話ししました。

これは特に、味噌、醤油、清酒、焼酎など麹を使う食品に特徴的な傾向です。

日本の発酵食品製造の概略は、61ページの図の通りです。

まず、原料の一部に麹菌を生やして麹をつくります。その後、麹と他の原料を混ぜたものに、酵母や乳酸菌が活動して発酵することで、味噌や醤油、清酒ができあがります。

例えば味噌なら、まず米に麹菌をつけて米麹をつくります。その後、大豆や塩など他の原料と混ぜると、酵母や乳酸菌が活動して味噌ができあがります。

麹菌、酵母、乳酸菌の3種類の微生物の主な役割は、次の通りです。

麹菌……酵素を生産して原料を分解する役割
酵母・乳酸菌……分解された原料をもとに味や香りなどの成分を産出する役割
乳酸菌……pHをコントロールする役割

清酒、ワイン、ビールなど、世界のお酒を比較すると、より特徴がわかりやすいです。

ワインの場合は、原料のブドウの粒を潰して、その果汁を利用します。果汁の中にはブドウ由来の糖がたっぷり含まれているため、わざわざ糖を改めてつくる必要はありません。

さらには酵母も、もともとブドウの皮についているものを利用します。そのため、ブドウを潰して置いておくと、皮についている酵母によって自然にお酒になるわけです。このように単純な発酵を「単発酵」と言います。

麹菌を使う醸造食品製造の概略

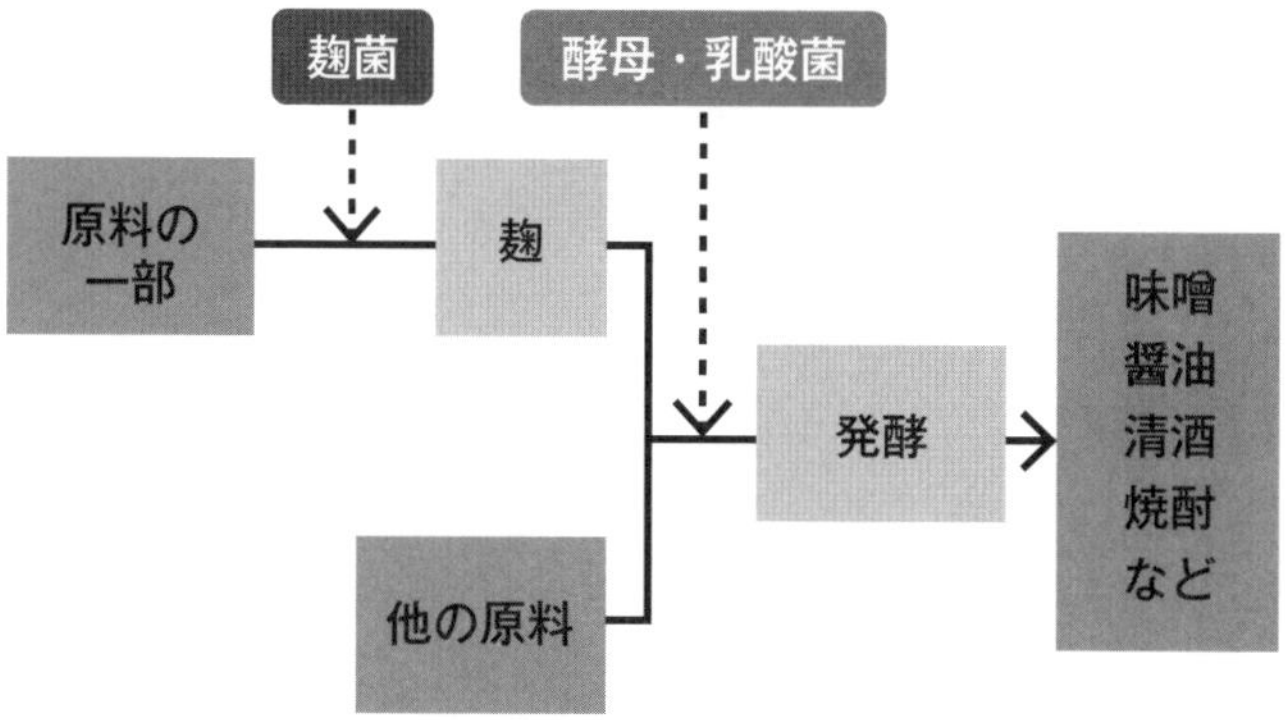

ビールの場合は、麦芽で糖をつくります。ビールは清酒と同じで穀物デンプンを原料にしてつくるお酒です。つまり、デンプンを糖にしなければなりません。

清酒ではここで麹に頼るところを、ビールでは、まず大麦を発芽させて麦芽にします。この麦芽に温水を加えると、麦芽に含まれる酵素でデンプンが分解し、糖がつくられます。

そこに酵母を加えて発酵させることで、ビールができあがります。

このように、糖をつくる工程と、その糖を用いてアルコールを造る工程の2段階に分かれるため、これを「単行複発酵」と言います。

清酒の場合は、米から麹菌で糖をつくります。

麹菌が出す酵素によって炭水化物が糖になるという工程と、その糖を使って酵母菌や乳酸菌がアルコールや乳酸などを生成するという工程が同時進行になること、つまり、1つのタンクの中に麹菌の酵素と他の微生物が同時に働いている状態が生まれることが特徴になります。この複数の工程が同時に行われることを「並行複発酵」と言います。

「並行複発酵」は、日本や東アジア地域における醸造食品の最大の特徴の1つです。

1つのタンクの中に、微生物を複数同時に生存させ相互作用を起こす疑似エコシステムとも言える環境を整える発想は、日本人の自然観を表していると私は考えています。

醸造工程における「麹菌」「酵母」「乳酸菌」の役割

「並行複発酵」で活躍する3つの微生物、「麹菌」「酵母」「乳酸菌」の役割を、さらに丁寧に見ていきましょう。

醸造工程の違い

単発酵

例：ワイン

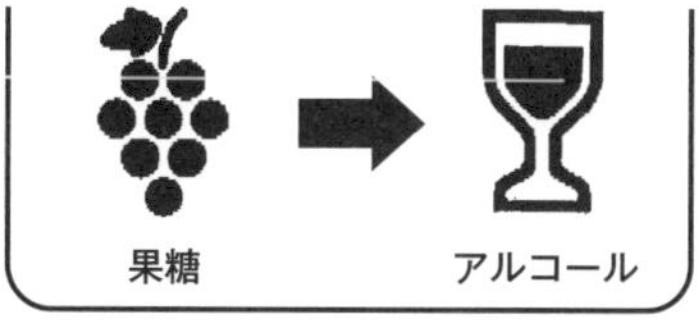

単行複発酵

例：ビール

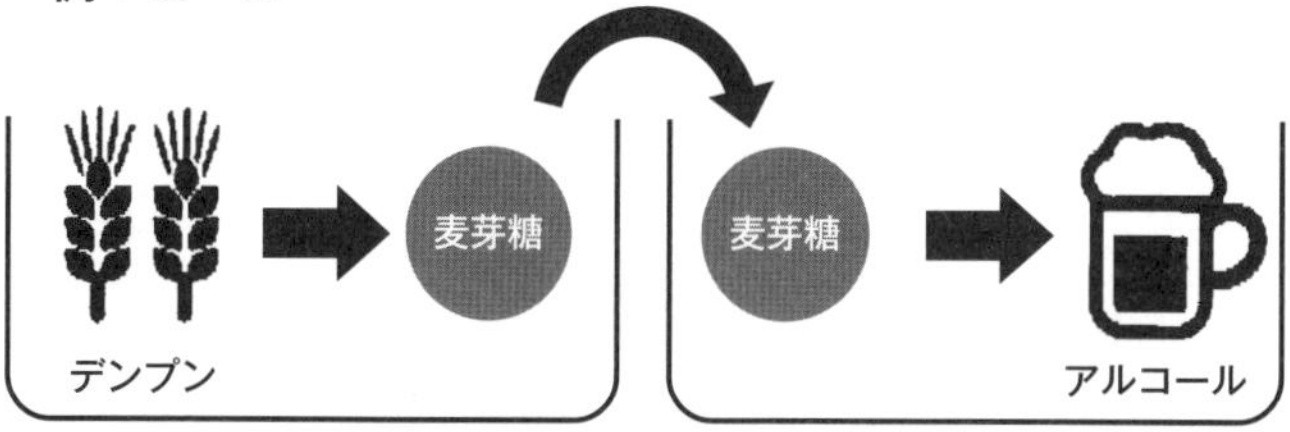

並行複発酵

例：清酒

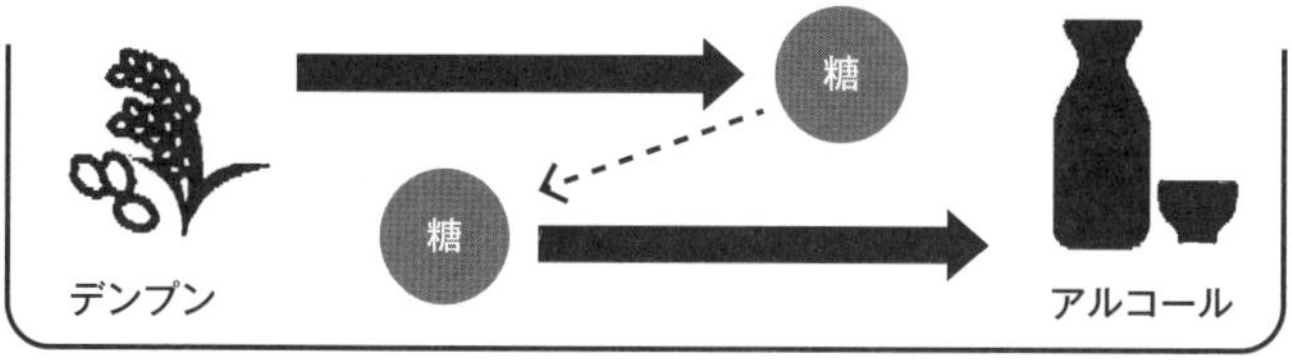

麹菌の役割

まずは「麹菌」についてです。

麹菌は、米や麦、大豆などの穀物に生えます。麹菌が生えた米や麦、大豆などは、日本の醸造食品の原料として、様々な場面で使われています。

では、醸造食品をつくるプロセスにおいて、麹菌はどのような役割を果たしているのでしょうか。

まず1つめの役割は、酵素を生産することです。

これまで、酵素は原料を小さく切り刻んで分解していくハサミの役目をするものであるとお話ししてきました。原料を分解するために、この酵素をたくさんつくるのが麹菌の役割です。言わば、麹は酵素の生産工場です。

2つめは、生産した酵素によって、酵母や乳酸菌など他の微生物が活動する栄養を産み出すことです。

酵素によって分解された原料から生まれる物質は、酵母や乳酸菌にとっての栄養となります。これらの栄養によって酵母や乳酸菌は活動でき、糖からアルコールや香りの成分を生産します。

3つめは、麹菌が生成した物質が、味噌や醤油、清酒などの食品のできあがりに影響することです。

麹菌の酵素によって生産された物質の中には、できあがる発酵食品の味や、香りなどに影響を与える物質もあります。

これらが、醸造における麹菌の役割です。

酵母の役割

麹菌、酵母、乳酸菌の中で、食品そのものの味や香りに最も関与する微生物が酵母です。

酵母は人類にとって、最も初期から関わりを持っていた微生物と考えてよいでしょう。数千年前、古代文明の頃にはすでに、エジプトやメソポタミアなどでビールが製造されていた記録が残っています。この時点で、酵母を発酵に使っていたと考えられます。

酵母の仲間には、ビール、ワイン、清酒のアルコールの生成に関わっているものがあります。また、パンの酵母は二酸化炭素を排出することによって、パンの生地に膨らみを与えています。

清酒における酵母の役割は、アルコールの生成だけでなく、清酒の香りにも関わっています。酵母の種類によって爽やかな香りだったり、フルーティーな香りだったり、あるいは香りの強さも穏やかなものになったり、華やかでハッキリしたものになったり、清酒の特徴が酵母によって形作られます。

また、味噌や醤油に使われる酵母もあります。

この酵母の特徴は、耐塩性、つまり塩に耐える力があることです。普通の微生物は塩がある環境では生きていけません。だからこそ、塩漬けなど塩分の多い環境にしておくことが腐敗防止になるわけです。

味噌や醤油は、普通の微生物が生きていけないとても塩分の高い環境です。

しかし、味噌や醤油に使われる酵母はそのような環境でも生きていける珍しい酵母で、味噌や醤油がつくられる過程で、彼らの活動により、味噌や醤油独特の香りが生み出されていきます。

乳酸菌の役割

乳酸菌は糖から「乳酸」をつくる微生物の総称です。

よくある勘違いですが、乳酸菌という特定の生き物がいるわけではありません。乳酸菌はライオンに当たる言葉というより、哺乳類に当たる言葉です。

乳酸菌と言うと、乳酸菌飲料やチーズ、ヨーグルトのイメージがあるかもしれませんが、実は、味噌や醤油、清酒をつくるときにも、乳酸菌は活躍しています。しかしながら、同じ乳酸菌でも全く別物です。醤油の原料が入っているタンクに乳酸菌飲料を入れても醤油にはなりません。

乳酸菌の役割は、発酵の過程で乳酸をつくることです。では、何のために乳酸をつくるのでしょうか。それは、酵母が働きやすい環境は少し酸性が好ましいからです。乳酸はその名の通り、酸です。そのため、乳酸菌が活動して乳酸を出すことで、発酵食品全体が酸性になっていくのです。

また、酸性になっていくと、酸性の環境が苦手な他の微生物が寄りつかなくなる効果もあります。さらに乳酸は、味噌、醤油、清酒などの最終商品の味にも酸味として影響を与えます。

それでは、日本の醸造メーカーは、麹菌、酵母菌、乳酸菌をどこから調達しているのでしょうか。

麹菌については、日本の醸造メーカーの99%以上は、私たちのような種麹メーカーから種麹という形で麹菌を入手しています。

酵母や乳酸菌については、蔵付きと言って、各メーカーの建物や桶などの作業環境から自然に入ってくる酵母や乳酸菌を利用するメーカーもあれば、酵母や乳酸菌を業界団体や技術センターなどから購入するメーカーもあります。

ここまで、発酵の基礎知識についてお話ししてきました。

第3章では、発酵の歴史と発酵食品についてお話ししていきましょう。

第3章

発酵の歴史と日本の発酵食品

日本の発酵食品の源「麹」の歴史

日本の発酵食品には欠かせない「麹」ですが、いつ頃から日本人が麹を使っていたのか、その歴史ははっきりとはわかっていません。しかし、奈良時代の『日本書紀』や『古事記』などにはすでにお酒が登場することから、少なくともこの時代には日本人は米で酒をつくり、麹も使っていたのではないかと考えられています。

明確に酒づくりにカビを使っていた記録が最初に文献に出てくるのは、8世紀前半に書かれた『播磨《はりま》国《のくに》風土記《ふどき》』です。ここに、「大神の御粮《みかれい》沾《ぬ》れて黴《かび》生えき、すなはち酒を醸さしめて、庭酒《にわき》に献《たてまつ》りて宴《うたげ》しき（神様にお供えしたご飯が雨に濡れてカビが生えてきたので、お酒をつくって、神様に献上して宴会した）」という記述があります。この「黴《かび》」が、おそらく麹菌ではないかと考えられています。

10世紀には『倭名類聚鈔《わみょうるいじゅしょう》』という書物に加無太知《カムタチ》という記述が見られます。

この「カムタチ」が、「コウジ」に音が変化したのではないかと推定されています。同じく10世紀に書かれた書物『延喜式《えんぎしき》』においては、「糵一石三斗料、米一石白米加（よねのもやし1石3斗に、米1石を白米で加える）」という記述が見られます。糵は音読みで「ゲッ」、訓読みで「よねのもやし」と読み、現在の米麹のことです。

10世紀の段階では、かなり現在の酒づくりに近い製造法になってきたと考えられています。また、『延喜式』によると、「比之保《ひしほ》」と呼ばれる今の味噌や醤油の原型も製造されていたようです。

鎌倉時代になると、お酒づくりに必要な麹をつくる技術を巡っての争いが目立ち始めます。お酒は嗜好品としても価値が高いため、当時から、「酒造役《しゅぞうやく》」という税金がかかっていました。税金を徴収する側としては、麹づくりはお酒の密造につながるので、麹をつくる権利をしっかり管理したく、当時の権力者である寺社や貴族、武家勢力は、麹をつくる集団である「麹座」を、時に管理したり、時に保護したりと活動します。

有名なものとしては、1246年（寛元四年）に京都の石清水八幡宮が麹の密造を取り締まった「麹座紛争」があります。

時代は進み室町時代になると、麹座と酒造家の分業が確立しました。酒造家は、麹座から麹を購入していました。

ところが、その麹が高すぎるとして、酒造家が自ら麹をつくろうとします。当然、麹座はこれに反発します。当時の権力者に酒造家の麹づくりの規制を訴えたり、酒造家を襲撃して実力行使したのです。そのような経緯があり、当時の権力者である室町幕府は、麹は麹座から買うよう命令を出します。

すると、今度は酒造家が黙っていませんでした。酒造家集団は、当時大きな勢力を誇った延暦寺に駆け込み、幕府に圧力をかけてもらうことにしました。その結果、幕府が折れ、今度は麹の独占権が廃止されたのです。

これを受け麹座は、今度は抗議のために、もともと麹座の庇護をしていた北野天満宮に立てこもります。最終的に、その立てこもりを幕府が襲撃し、北野天満宮が焼失するという大騒動になりました。これを１４４４年（文安元年）、「文安の麹騒動」と言います。

この麹騒動の結果、麹座は解体され、酒造家が独自に麹をつくる流れになっていきます（集団としての力が弱まっただけで、麹をつくって売る麹屋の商売自体は残っていきます）。

このように、麹づくりの歴史は紆余曲折を経て現在に至ります。

さて、麹をつくるに当たって、麹菌はどのように受け継がれてきたのでしょうか。

もともとは、先の『播磨国風土記』で「蒸した米を放っておいたらカビが生えてきた」という記述があったように、麹菌は「受け継ぐ」というよりも、自然に発生するものでした。しかし、この方法だと、狙った通りに麹菌を生やすことができません。ましてや、計画的な生産などおぼつきません。

そんな中、新たに蒸した米がカビの生えた米である麹と接触すると、同じようにカビが生えて麹になることに気づきます。これを応用すれば、麹が上手くできたときにその麹を保管しておき、次に麹をつくるときに新しく蒸した米にそれを混ぜれば良い麹になると考えるようになります。

このようにして、次から次へと麹を増やして受け継いでいく方法を「友種法」と言います。この方法は自然に麹菌が降ってくるのを待つ方法に比べると確実性が高く、計画的、安定的に麹をつくることができます。とは言え、麹を代々受け継いでいるうちに性質が変わったり、上手く受け継げず、麹菌以外の微生物が繁殖してしまったりという課題は依然として残っていました。

世界で初めてのバイオビジネス、種麹メーカーの誕生

このような状況で、室町時代に、ある麹づくりの専門家が画期的な方法を発見します。

それは、「麹をつくるときに木の灰を混ぜると安定的に麹をつくることができ、また、それまでの方法に比べて麹菌を大量に繁殖させることができる」というものです。

こうして、「出来上がった麹を代々受け継ぐ」方法から、麹菌だけを購入して、その麹菌を使って麹をつくるという方法にシフトし、麹づくりの安定性が一気に向上しました。この、麹ではなく、そこに生えているカビ、麹菌を商品にしたものを「種麹」と呼びます。

種麹は、カビの生えた麹を乾燥させ、持ち運びできるように製造します。固く乾燥した状態になった種麹が、蒸した米の上にばら撒かれ適量の水分が加わると、種麹から麹菌が芽を出し、米の上で繁殖し始めます。

これは言い換えれば、微生物が工業製品になったということです。

世界的に見ても、チーズやヨーグルト、あるいは味噌や醤油のようなものや漬物類など、発酵食品自体が商品として流通することはありました。しかし、種麹のように、微生物だけを単体として販売するという形式は、中世・近世においては世界に類を見ません。

日本の種麹製造業者は、世界最古のバイオビジネスといっても良いでしょう。

微生物自体を工業製品として流通できるようになったことで、日本の発酵技術は飛躍的に成長し、また、それに伴い、様々な概念や考え方が生まれました。その様子は、後の章で詳しく触れたいと思います。

友種法と種麹

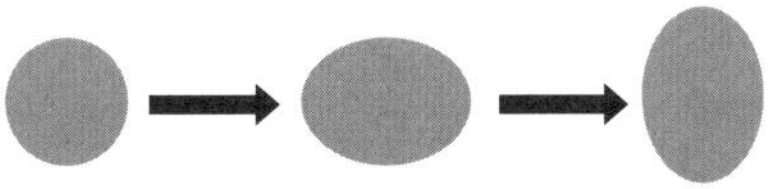

友種法……できた麹を受け継ぐ（変化する可能性がある）

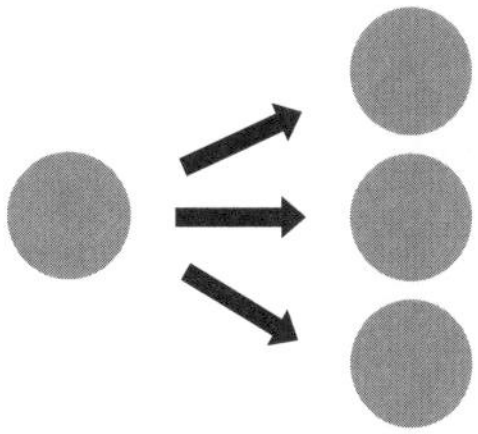

種麹……同じ種麹を買えば、元の菌が変わらない限り、同じ麹ができる

微生物を別につくる「種麹」技術の中身

それでは、なぜ、灰を混ぜると麹菌が安定して育つのでしょうか？

灰はアラビア語でアルカリと言うように、アルカリ性の物質です。種麹をつくるときに灰を米にばら撒くことで、麹菌が育つための環境が全体的にアルカリ性になります。麹菌はアルカリ性の環境にも比較的耐えられる菌ですが、麹菌以外の微生物の中には、アルカリ性の環境で生きていけない微生物も多くいるので、そのような微生物を寄せ付けない効果があります。

また、灰が米と米の間に入ると、米が完全

にぴったりとくっつかず隙間ができ、酸素が行きわたる環境になります。酸素を好む麹菌にとっては、最適な環境になります。さらに、麹菌は米の表面に繁殖するため、米と米の間に隙間があるほうが、麹菌が生える表面積が増え、それだけたくさんの麹菌が繁殖できるのです。

さらに、灰に含まれるリンやカリウムなどのミネラル分も、麹菌にとって必要な栄養になります。

このようなメカニズムが背景にある種麹は、99%は麹菌であるという非常に純粋な微生物商品でした。現代の知識から科学的に考えれば、非常に理屈の通ったメカニズムです。

しかし、このようなメカニズムを、顕微鏡などもなかった時代、そもそも酸性やアルカリ性などという概念もなかった600年も前の時代に日本人が考案し、種麹業という商売として成り立たせていたことは、日本の伝統的なものづくりが誇る歴史ある技術の1つとして、世界にもっと発信すべき事例であると考えます。

現代風に言えば、微生物をポータブルなアイテムにしたと言えるでしょう。

残念ながら、種麹は純粋培養した微生物として、ともすると自然の摂理に反するようなものだという批判を浴びることがあります。また、「土地の微生物」という観点からは、微生物をポータブルに持ち運んでいたということも、「発酵はその土地の微生物を使う」という、一般的なイメージや直感に反します。

しかし、微生物を純粋に培養し、土地に縛られないポータブルなものにする技術、そして微生物を商品として扱う概念は室町時代には誕生しており、600年という歴史があります。これは、他の日本の伝統と比べても、遜色のない長さであると私は考えます。

続いて、日本の伝統的な発酵食品である「味噌」「醤油」「清酒」「焼酎」について詳しく見ていきましょう。

味噌の歴史

味噌は、その原型は中国由来とも朝鮮半島由来とも言われます。

紀元前700年頃、中国では周王朝の時代に、醤油の「醤」と書いて、音読みでは「ショウ」、訓読みでは「ひしお」と読む発酵食品がありました。これは、塩と一緒になんらかの食品を混ぜて発酵させたもので、肉が原料であれば肉醤《ししびしお》、魚が原料であれば魚醤《うおびしお》、穀物が原料であれば穀醤《こくびしお》と呼ばれました。

お気づきの通り、魚醤は今でも残る言葉です。そして、私たちが今も利用する味噌と醤油は、穀醤に由来します。

今でも、豆鼓《トウチ》という中華料理に使う発酵調味料に名前が残る「豉（し・くき）」と呼ばれる発酵食品もあります。これは大豆に塩を混ぜて麹菌を自然に生やしたもので、これも味噌の祖先の1つではないかとされています。

とは言うものの、中国からこれらの食品が伝わる前には、原始的な味噌の原型が日本にあったとも考えられています。

先ほど、「醤」の訓読みが「ひしお」とお伝えしましたが、日本語の読み方である訓読みがあるということは、元々日本には同じような食品があったと考えられています（日本に元々存在しなかったものには、訓読みがありません。例えば、「茶」は音読みの「チャ」か「サ」のみで、訓読みがありません）。

さて、奈良時代に書かれた『大宝律令《たいほうりつりょう》』という書物に書かれた、天皇が住む宮中で使用される食品のリストに、「醤・豉・未醤」の3つが並んで登場します。「未醤」は「みしょう」と読みます。語感からして、これが「みそ」の語源になったのではないかと考えられています。

この時代には、醤・豉・未醤の3つは異なるものとして認識されていたようです。実際に、この3つがどのようなものであったかまでは正確にはわかりません。麹菌をどの程度生やして発酵を進めたものなのか、塩がどの程度混ざっていたものなのか、固体だったのか半固体だったのか、野菜や魚、肉などが混ざっていたのか、むしろ、現在の漬物や塩辛のようなものに近かったのかはわからず、様々な説があります。

時代が少し進んで平安時代、10世紀初頭に書かれた『日本三代実録』という書物には、いよいよ文字として「味噌」と書かれた最初の記録があります。このあたりから、今の私たちに馴染みの深い味噌に近いものになっていったようです。

その後、鎌倉時代には味噌をすり鉢ですってお湯で溶かして飲む食べ方（飲み方）が登場します。そう、味噌汁の登場です。味噌汁にすれば一気にたくさんの食材がとれ、栄養も豊富で、手早く、手軽に食事を済ませることができるため、特に武士を中心に、味噌、味噌汁の食文化が広まっていきます。

戦国時代に入ると、味噌は貴重なタンパク源として重宝されます。

これらの逸話からわかるように、この頃には、各地域に特有の味噌の製法が生まれており、多くは、現代にも地域独自の味噌として伝わっています。そして、江戸時代には一汁一菜に、時におかずがつく食事様式が形成されました。

　農村部ではそれぞれの家庭や集落で味噌がつくられていましたが、江戸や大坂などの大都市の町人は味噌を購入するようになり、味噌が商品として流通するようになりました。大都市の料亭などでは、様々な味噌の調理方法が開発され、現代に伝わる、和食の中の味噌の原型ができあがりました。

味噌の種類

　味噌とは、農林水産省の定義では、大豆に米や麦や大豆の麹と塩を混ぜたものとされています。

　とは言うものの、愛媛県などに麦だけで大豆を使わない味噌があったり、刻んだ野菜類などが入っている金山寺味噌など、穀物以外のものを混ぜたおかずとしての味噌などもあります。

　味噌の種類は、原料を元に大別して、米味噌、麦味噌、豆味噌に分かれます。それぞれ、米麹を使えば米味噌、麦麹を使えば麦味噌、豆麹を使えば豆味噌になります。

　麦味噌は四国や九州などの西日本を中心に親しまれており、豆味噌は愛知県、岐阜県、三重県などの東海地方を中心に親しまれています。米味噌、麦味噌は、さらに分類され、味噌の色によって、白味噌、赤味噌などに分類されます。

大豆、麹、塩、水を混ぜて一定期間、発酵熟成させることで味噌となるわけですが、この配合の割合や発酵熟成させる期間の長短によっても味噌に違いが出ます。

例えば、京都府を中心に使われる西京味噌は、大豆に対する麹の割合が2～3倍程度と日本国内の味噌の中でも特に高いだけでなく、発酵熟成期間も1週間から長くとも1カ月程度です。また、塩分の割合も10％以下とかなり低めです。できあがりの味噌の色も白く、一般に白味噌と呼ばれます。

一方、関東地方から東北地方で親しまれる赤味噌は大豆と麹が同程度ですが、塩分も10％を超えており、発酵期間も数カ月から1年程度と長めです。できあがりの色も濃く、これは赤味噌と呼ばれる分類になります。

少し特殊なつくり方をする味噌が、東海地方の豆味噌です。米味噌と麦味噌は、大豆と麹と塩を混ぜて容器に入れて発酵させますが、豆味噌はまず大豆を全部麹にします。

麹のつくり方も、蒸した大豆を潰して、親指大から小さめのソフトボールぐらいの大きさのボールをつくり、そこに麹菌をまぶして「味噌玉」と呼ばれるものをつくって、それを容器に投入するというつくり方です。

発酵期間も3年近くになる製法もあり、日本の味噌の中でも、とりわけ長期間かかる味噌です。

味噌の地域性

日本の味噌には、驚くほど多くの種類があります。

北海道味噌、津軽味噌、秋田味噌、仙台味噌、会津味噌、越後味噌、佐渡味噌、江戸甘味噌、信州味噌、越中味噌、能登味噌、加賀味噌、相白《あいじろ》味噌、東海豆味噌、西京味噌、府中味噌、御膳味噌、讃岐味噌、瀬戸内麦味噌、九州麦味噌など、全国各地に個性的な味噌があり、一つ一つの魅力を取り上げようとすると、いくら紙面があっても足りません。

なぜ、それぞれの地域でこれほどまでに独自の味噌が発達したのでしょうか。それは、自然や気候に基づく要因と、歴史や文化に基づく要因がそれぞれ絡み合っています。


先述の通り、例えば東海地方では豆味噌が主流です。濃尾平野を中心とする東海地方は、夏場は日本でも有数の高温多湿になる地域であり、米味噌や麦味噌に比べると豆味噌のほうが、その環境に耐えることができたからです。

また、青森の津軽味噌は、東北地方は飢饉が多かったため、穀物を貯蔵する必要があり、3年間の長期熟成になったと考えられています。

瀬戸内や四国、九州地方で麦味噌が多いのは、平地が狭かったため、二毛作《にもうさく》により麦の栽培が盛んであったためです。

このような自然や気候の要因だけでなく、歴史的な経緯が地域の味噌を特徴付けることもあります。

仙台味噌は、当地の戦国大名である伊達政宗が、軍事上の必要から味噌工場を領内につくりました。朝鮮出兵の際、各地の大名が味噌を持ち込みましたが、伊達政宗軍の味噌は塩分濃度が高く、他の大名の味噌が腐ってしまう中、長期間の滞在に耐え、名声が高まったと伝えられており、今も仙台味噌は塩分が高めの味噌です。

その他、越後味噌は上杉謙信が現在の千葉まで行軍した際に、現地での味噌づくりを持ち帰ったと伝えられています。

加賀味噌も、加賀藩の開祖前田利家が味噌を奨励し、軍需用だったために長期保存が利く塩分の多い味噌になりました。

徳島県に一部豆味噌をつくる地域があるのですが、これは江戸時代に徳島を治めた蜂須賀家が、今の愛知県にあたる尾張出身であったため、豆味噌の製法を徳島に持ち込んだからとされています。

また、京都を中心とした西京味噌は塩分も低く比較的甘い味噌ですが、これは、当時の都には日本中から食べ物が集まり、豊かな食生活を送ることができたため、味付けが濃いとたくさん食べられなくなるので、素材を邪魔しない薄味のものが好まれたためです。


このように、自然環境の背景と歴史的な背景が合わさって、それぞれの地域の味噌の特徴ができあがっています。

最後に具体例として、現在、都道府県別で生産高1位である長野県の信州味噌について自然と歴史の両面からお話ししましょう。

盆地の多い長野県は大豆栽培に適した斜面が多く、また、現在でも綺麗な水を必要とする精密工業の工場が多いように、清澄な水にも恵まれていました。また、盆地では冬がしっかりと冷え込むため、このことも味噌づくりには適していました。

一方、歴史的には、戦国時代に信濃国、今の長野県を治めた武田信玄が味噌づくりを奨励したことが今の信州味噌の特徴を形づくったと言われています。武田軍は出発時に麹と豆を混ぜておくことで、行軍中に発酵が進み、戦場に着いた頃にはちょうど味噌ができあがるという食料補給の技術を生み出していました。このとき、できあがった味噌を鍋にして食べており、その鍋として足軽の兜でもある陣笠《じんがさ》を使っていたため、「陣立味噌」とも呼ばれています。

皆さんのゆかりのある地域の味噌も、自然由来の特長か、歴史由来の特長、あるいはその両方が必ずあるので、ぜひ地域の味噌に親しんでほしいと思います。

味噌の選び方

続けて、お気に入りの味噌を選ぶ方法をお伝えしましょう。

自分でお気に入りの味噌を選ぶ経験をしておけば、様々な場面で味噌汁が出たとき、自分なりの感想などを伝えられるようになるはずです。

『みその教科書』（エクスナレッジ）の著者・岩木みさきさんがこの本の中で、「お気に入りの味噌に出会う方法」として、①蔵見学に行く、②味噌専門店に行く、③大手味噌メーカーの味噌を食べ比べるという3つの方法を紹介しています。

この中で特に私もおすすめしたいのが、蔵見学です。

百聞は一見にしかず。全国で味噌蔵のない都道府県はありません。概ね、都道府県よりもひと回り小さいぐらい、昔の国名（三河や駿河など）ぐらいの範囲であれば、地元にそれなりの規模の味噌メーカーがあるはずです。

すべての味噌蔵が見学を受け入れているわけではありませんが、一部の味噌蔵さんが、味噌の魅力を広めるために、見学を実施しています。

蔵見学が難しい場合も、大規模な都市であれば、味噌専門店がありますし、地方でも、加工食品や調味料に強く品揃えの豊富な地場のスーパーであれば、味噌だけでも驚くほどの品揃えがあります。

全国どこでも手に入る大手メーカーの味噌を複数種類購入して食べ比べるのも良いでしょう。同じジャンルに属する商品でも、それぞれに異なる味わいがあります。味噌汁にしたり、野菜をディップしたりして食べ比べてみましょう。

また、会食などのときに、味噌汁や味噌煮、田楽などが配膳された場合、そのお店の方や調理人の方に、味噌の種類を聞くのも良いでしょう。

食材や素材を活かし、その食材の産地に近い味噌を選んだり、あるいは、料理をされる方が親しみ慣れているご出身やご当地の味噌だったり、あるいは、お客様が全国からいらっしゃるような地域だと、どの地方のお客様にも受け入れられるよう味噌をブレンドして提供していることもあります。

お店それぞれにこだわりがあるので、そのこだわりや思いに、ぜひ耳を傾けてください。自分が知識を持っている必要はなく、お店の方にこだわりを教えてもらうだけでも、十分に味噌の魅力に触れることができます。


味噌に合う料理や食材についても触れておきましょう。

一番ポピュラーなタイプは米味噌です。

すでにお伝えした通り、米味噌には、原料に占める麹の割合が大きく熟成期間が相対的に短期間の白味噌と、原料に占める麹の割合が相対的に小さく、熟成期間が相対的に長期間の赤味噌に分かれます。

味わいとしては「甘口」「辛口」に分かれます。同じ塩分量でも、麹の割合が大きいほど甘味が強くなります。

白味噌に多い甘口の味噌は、麹由来の甘みとマイルドな風味を持ちます。合わせる具材も淡泊な食材が合います。豆腐、ワカメ、淡泊な野菜などと相性が良いです。

一方、赤味噌に多い辛口の味噌は、熟成期間の長さからくる深い香りや味わいが特長です。魚やネギなど風味の強い野菜などの食材と相性が良いです。

淡色系で辛口のものは、その中間の味わいとなります。

また、東海地方の豆味噌は深いうま味と渋味や酸味など複雑な味わいが特長です。濃厚な風味が特長なので、味噌汁にするときは味噌の風味に負けないようしっかりと出汁を取りましょう。合わせる具も個性の強いものか、逆に、味噌そのものの味わいがわかる豆腐やうどんのようなものも相性が良いです。

西日本の麦味噌は、麦由来の素朴で優しい甘味が特長で、麦由来の特有の匂いも楽しみたいところです。サツマイモなどの甘味のある食材で麦味噌の優しい甘味を楽しんだり、あるいは、豚肉にたくさんの野菜を入れた具だくさんの豚汁にしたりなど、麦の風味に負けない、個性ある具材を合わせても楽しめます。

醤油の歴史

奈良時代に書かれた『大宝律令』に「醤・豉・未醤」が登場するところまでは、歴史は味噌とほぼ同じです。

実際のところ、これらが液体状だったものなのか、固体だったのか、ご飯に汁としてかけて食べたのか、塗って食べたのか、あるいは他の食べ方をしたのかは、正確にはわかりません。ただ確かに言えることは、奈良時代には穀物と塩を混ぜて発酵させ、調味料的に使用した「醤」や「豉」「未醤」と呼ばれる調味料があったということです。

穀物(時には魚や肉や野菜なども)と塩と水を適度に混ぜてドロドロとしたものをつくっておき、その液体部分を調味液として使うこともあれば、固体部分をおかずやご飯のお供として食べる、あるいは固体部分を溶かして汁物にしたり、ドロドロしたものをそのまま食品として食べたり、様々な食べ方がされていく中で、段々と、今の味噌や醤油のような形態や使用法に近づいていきました。

「醤油」という言葉が文献に表れるのは室町時代後期、16世紀に入ってからです。この頃には、醤油と味噌がそれぞれ別の製品として認識されるようになりました。

江戸時代の初期には、火入れと呼ばれる加熱殺菌方法が開発され、麹のつくり方の改良や、木桶などの装置の大規模化も進み、大都市向けの商品としての生産と流通が始まりました。江戸や大坂など大消費地を背景に、千葉の野田や銚子、紀州の湯浅、播磨の龍野(現・たつの市)などにも大きな醤油製造の拠点が生まれました。

これらは、現在でも、日本を代表する醤油の生産地となっています。

特筆すべきは、江戸時代には日本だけでなく、すでに世界にも輸出されるようになっていたということです。フランスのルイ14世も、日本の醤油をたしなんだという記録が残っています。

醤油の種類

醤油の種類は、大きく5つに分かれます。
濃口醤油、淡口醤油、溜醤油、白醤油、再仕込醤油です。

濃口醤油

日本の8割を占めるのが濃口醤油、いわゆる一般的な醤油です。皆さんが頭に思い浮かべる醤油は大体この濃口醤油と思っていただいて間違いないでしょう。

淡口醤油

続いて淡口醤油。「あわくち」ではなく「うすくち」と読みます。醤油の色が薄く、素材の色を邪魔しないので、白身の魚の白さや、卵焼きなどの鮮やかな黄色の色味を活かしたい、野菜のそのままの色を活かしたいとき、煮物をつくるときなどに好まれます。特に関西方面で愛用されています。製法上の特徴としては、淡い色味に仕上げるため、濃口醤油ほど濃い色まで発酵させず、調味料としての機能を果たすために塩分の濃度を高くし、さらに製造中に甘酒を加えることが挙げられます。

溜醤油

濃口醤油も淡口醤油も、大豆と小麦を原料に使いますが、中でも溜醤油は、原料のほとんどが大豆です。大豆を主原料としており色も濃く、大豆由来の濃厚な味や香りが特長です。味や香りがしっかりしているので、刺身などの生魚と合わせると魚の生臭さをしっかりマスキングしてくれますし、焼き物などでも醤油の照りや色味がしっかり料理に反映されます。佃煮など醤油の味や色をしっかり出したいときに向いています。また、完全に大豆だけでつくる場合は小麦を含まないので、グルテンフリーの醤油になるという特徴があります。愛知県を中心に東海地方でつくられる醤油です。

白醤油

溜醤油の原料がほとんど大豆であるのに対し、白醤油の原料は、そのほとんどが小麦です。名前の通り色が大変淡く、淡口醤油よりもさらに薄い色をしています。また、大豆に比べて小麦のほうがデンプン質が多いため、糖分が比較的高い醤油であることも特徴です。使い方としては、その色の淡さが利点となる料理によく使われます。関西風のうどん、煮物、お吸い物などです。愛知県、特に碧南市を主産地とします。

再仕込醤油

再仕込醤油は、醤油をつくるときに水の代わりに醤油を使うという独特の製法です。醤油で醤油をつくるので「再仕込み」と言われています。言わば醤油をもう1回発酵させるわけですから、溜醤油同様、こちらも大変濃厚で、独特の味や香りが特徴です。

主要産地は西日本に多く、また、しっかりと主張のある調味料なので、合わせる料理としては刺身など生臭さのマスキングはもちろん、洋風のフライや、あるいはカレーの隠し味に使っても、しっかり存在感を示し、料理を引き立ててくれます。

醤油の地域性

大変特徴的な醤油を使う地域として、九州が挙げられます。九州の醤油は甘く、砂糖を混ぜていますが、これには様々な理由が考えられています。

九州は暑い気候で大量の汗をかくため、塩分、糖分ともに求められたこと、サトウキビの産地に近く砂糖が手に入りやすかったこと、また、醤油づくりが広まった江戸時代に、海外との貿易が許されていた長崎があり、貿易を通じて砂糖が入手しやすかったことなどが理由として考えられます。

他にも、九州では焼酎がよく飲まれるため、日本酒に比べると糖分が少ない焼酎に合わせる食事としては甘味が好まれたこと、九州でとれる魚はブリやサバなど油の多い魚が多く、これも甘い醤油と相性が良かったことなどが、理由として挙げられます。

醤油の選び方

先ほどご紹介した5種類の醤油を味の濃い順に並べると、溜醤油・再仕込醤油・濃口醤油・淡口醤油・白醤油の順になります。

醤油の紹介サイト「職人醤油」(https://www.s-shoyu.com)では、醤油をワインに喩《たと》えています。濃い醤油は赤ワイン、薄い醤油は白ワインを想像すると、料理の合わせ方のイメージも湧きやすくなります。

薄い醤油ほどしょっぱさ、濃い醤油ほどうま味がそれぞれ強くなる傾向があり、例えば白醤油は野菜や白身魚のムニエル、だし巻き卵などによく合います。

一方、濃い醤油は、肉料理や生魚など味が濃かったり、香りの強いものと合わせると良いでしょう。真ん中の濃口醤油は万能タイプと言えます。

詳しくは、「職人醤油」内の「醤油の説明シート」が、大変優れています。ぜひ参考にしてみてください。

清酒の歴史

清酒とは、米と米麹、水からできたものを言います。酒類の監督機関である国税庁の定義では、清酒の中でも日本産米を使い日本国内で製造されたものを日本酒と呼びます。

カビの使用が確認できるのは奈良時代からですが、お酒の存在自体は、邪馬台国の卑弥呼の記述で知られる『魏《ぎ》志《し》倭《わ》人伝《じんでん》』にも記録が残っています。このお酒の実態が何かはわかりませんが、当時すでに稲作が伝来していたことを考えると、お米由来のお酒である可能性は高いと見られています。

また、『古事記』『日本書紀』などにも、お酒にまつわるエピソードが出てきます。ヤマタノオロチを酒に酔わせた話は有名ですが、その中に「一夜酒」という表記があり、これは今の甘酒に近いものではないかと考えられています。

奈良時代に入ると、カビを使ってお酒をつくっていた記録が見られ始めます。当時の民衆にも広く酒づくりが浸透していたようです。

一方、朝廷においては、造酒司《みきのつかさ》と呼ばれる、お酒づくりを専門に担う朝廷の役職もあり、ローカルな酒づくりと国家の統制下の酒づくりが併存していたようです。

平安時代になると、寺社勢力による酒づくりが盛んになります。当時の寺社は一種の政治勢力としても力があり、原料となる米や製造にかかる費用を捻出できる財力がありました。これら寺社でつくられるお酒は「僧坊酒《そうぼうしゅ》」と呼ばれます。

その後、鎌倉時代、室町時代と、経済や流通の仕組みが整うにつれて、清酒が商品化していきます。室町時代には、京都に342軒もの酒蔵があったと伝えられています

室町時代後期から江戸時代には、現在の酒づくりの原型と言える製法が確立します。現在でも、酒づくりの初期に乳酸菌を増殖させることによって腐敗を防いでいますが、当時も、生米と炊いた米を漬けて自然に乳酸菌を湧かせた水を仕込み水に用いる手法が記録されています。

江戸時代には大規模化した酒づくりの担い手として、農村部から冬期に都市部に働きに出る集団が現れます。これが、酒づくりを専門に行う杜氏《とうじ》の始まりです。

当時の杜氏は、特定の酒蔵に恒久的に帰属するのではなく、酒蔵の経営状況や条件などにより、移籍することもあったようです。

先に紹介したとおり、清酒に使う微生物の麹菌は種麹の登場により、ポータブル化されました。また、原料である米は、貨幣と同じような価値を持つものとして全国に広く交換・流通されています。そして、お酒をつくる集団である杜氏《とうじ》も土地に縛られる集団ではありませんでした。微生物、原料、技術者が移動可能であったことも、世界の他のアルコールと比較して、清酒を特徴づける要素と言えます。

清酒の種類

清酒については原料や製法、味や香り（官能と言います）などにより、様々な分類があります。

ただ、清酒の分類はわかりにくいです。味噌や醤油と比べると基本的に透明なので、見た目の差があまりないことが要因です。また、味噌であれば塩分濃度や料理での使い方も異なりますし、溜醤油と白醤油も使い方が異なります。

それに対して清酒は、よく見ると透明度が異なっているのですが、注意して見ないとわからない微細な差です。

それを前提に、清酒の種類について見ていきましょう。

「特定名称酒」と「普通酒」

清酒は、原料や製法の違いによって「特定名称酒と「普通酒」に分けられます。

「特定名称酒」とは、「吟醸酒」「大吟醸酒」「純米酒」「特別純米酒」「純米吟醸酒」「純米大吟醸酒」「本醸造酒」「特別本醸造酒」の8つです。

「特定名称酒」以外の一般的な清酒を、「普通酒」と言います。

「特定名称酒」は、とりわけ特別な製造方法による清酒を示しており、価格としてもグレードが高い商品が一般的です。1990年には、清酒全体の18%という高級で貴重な商品というイメージでしたが、「特定名称酒」と「普通酒」の割合は年々拮抗してきており、2020年には「特定名称酒」の割合が36%まで増えてきています。

さて、その「特定名称酒」ですが、2つの観点からどのような名称になるかが決定します。1つは、お酒の製造の過程で醸造アルコールを加えるかどうか、もう1つはお米をどの程度磨くかです。

まずは醸造アルコールについてお話ししましょう。

清酒は、水と米と麹からつくられますが、発酵の過程で酵母から生じるアルコール以外にも、製造中に別途、サトウキビなどが原料の醸造アルコールを添加する製造方法があります。

まがいものを混ぜているようなイメージを持つ方がいますが、醸造アルコールを添加することで実は、より綺麗な味わいに仕上がります。また、清酒の香りの成分はアルコールに溶けやすいので、あえて醸造アルコールを添加することで、より一層香りが増します。この手法は江戸時代にはすでに開発されていました。特定名称酒のうち、「吟醸酒」「大吟醸酒」「本醸造酒」「特別本醸造酒」は、このようにつくられます。

逆に、この醸造アルコールを添加しないのが、「純米酒」です。「特定名称酒」の中では、「純米酒」「特別純米酒」「純米吟醸酒」「純米大吟醸酒」がこれにあたります。


次に、米を磨く割合についてです。

米は中心部ほど純粋な炭水化物であり、周辺部にはミネラル分やタンパク質などがあります。ミネラル分やタンパク質は清酒をつくる際には雑味の原因になるとされています。

特定名称酒の８分類

特定名称名	使用原料	精米歩合	香味等の要件
①本醸造酒	米・米麹・醸造アルコール	70%以下	香味・色沢が良好
②特別本醸造酒	米・米麹・醸造アルコール	60%以下または特別な製造方法	香味・色沢が特に良好
③純米酒	米・米麹	規程なし	香味・色沢が良好
④特別純米酒	米・米麹	60%以下または特別な製造方法	香味・色沢が特に良好
⑤吟醸酒	米・米麹・醸造アルコール	60%以下	吟醸づくり・固有の香味・色沢が良好
⑥大吟醸酒	米・米麹・醸造アルコール	50%以下	吟醸づくり・固有の香味・色沢が特に良好
⑦純米吟醸酒	米・米麹	60%以下	吟醸づくり・固有の香味・色沢が良好
⑧純米大吟醸酒	米・米麹	50%以下	吟醸づくり・固有の香味・色沢が特に良好

※出典：『ビジネスエリートが知っている教養としての日本酒』（友田晶子／あさ出版）

そのため、米を磨いて周辺部を取り除くほど、雑味の少ない清酒ということになります。米を磨いた後の米が残った割合を「精米歩合《せいまいぶあい》」と言います。精米歩合60％とは、米のうち40％は磨いて捨ててしまい、60％のみ清酒の製造に利用するということです。

精米歩合60％、つまり、お米の4割は磨いてしまう贅沢な清酒が「吟醸酒」と呼ばれます。さらに磨いて精米歩合50％、つまり、米の半分しか残さない清酒が「大吟醸酒」です。

ここで、2つの観点を合わせてみましょう。

例えば、醸造アルコールを添加しない純米酒で、お米は半分削ってつくるのであれば、純米酒であり、大吟醸酒ですから、純米大吟醸酒となります。

醸造アルコールは、わざわざアルコールを添加するという行為が、外国の方にはやはり理解されづらいところがあります。日本人であっても、「純米吟醸」と「吟醸」が並んでいたら、やはり「純米」という言葉に、何か、特別なものを感じる人が多いでしょうし、また、純米であることにこだわりを持っている酒蔵さんも多数いらっしゃいます。

国によっては、税制その他において、醸造アルコールを添加した清酒は、醸造酒ではなくリキュールだと判断をする国もあります。

一方で、製造過程でアルコールを添加することは、先述の通り江戸時代にはすでに確立していた伝統的な方法です。この点を知った上で、純米にこだわる素晴らしさも、醸造アルコールを添加する手法の良さも、それぞれの立場や考え方で評価できると良いでしょう。

また、清酒の名称はお酒をつくるときに米を磨くほど吟醸、大吟醸とステップアップしていく仕組みであるわけですが、逆に言えば、米を磨く、すなわち、米の多くの部分を削ってしまって清酒としては利用しない製造法、すなわち、食品としてロスが多い製法ほど高級ということになっています。

この点については、フードロスの観点から、外国の方や若い世代が疑問を感じやすい点です。しかし、酒蔵としても、磨いて削られてしまった米の周辺部を様々な形で活用しようという動きが出てきています。そのような環境に配慮した取り組みや動きがあることもあわせて知っておきたいところです。

清酒の地域性

清酒は、味噌や醤油と比較すると、地域性が出にくいとも言われています。

その理由は、第4章で詳しくお話ししますが、地域的な特性よりも、酒蔵ごとの経営方針による影響が大きくなっているからです。

地元向けに出荷するか、大消費地である東京や、あるいは海外展開を見据えるかなど、ターゲット層によっても異なる好まれる酒質を見据えた酒づくりが行われます。

特に近年では、多数のコンテストが開かれ、非常に高いレベルで地域を越えた酒蔵同士の技術交換も行われ、品質がますます磨かれる一方で、地域という枠組みの存在感が減少していくとも言えます。

ですが、統計的には、地域により好まれる傾向がある程度垣間見られます。

国税庁が２０２２年に発表した「全国市販酒類調査結果」によると、概ねの傾向として、東日本は辛口、西日本は甘口の傾向があります。

しかし、都道府県単位で個別に見ると、西日本であっても鳥取県や香川県、高知県は全国でも有数の辛口好きな県です。一般には、海産物の多い海寄りの地域では淡麗でキリッとしたお酒が、山間部で保存のために濃い味付けを好む地域では濃醇なお酒が好まれるとも言われ、その地域の食生活と相性が良いお酒が好まれています。

清酒の選び方

さて、ここまで、清酒の区分について制度上の違いを見てきました。

しかし、よくわからなかったという方もいらっしゃるかもしれません。というのも、醸造アルコールの添加の有無や精米歩合は、清酒の味わいに大きな影響を与えますが、一方で、実際に味覚で感じる味わいとは、必ずしも連動しているわけではないからです。

国税庁の8分類は消費者が味わいをどう感じるかよりも、原料の違いという製造上の技術的な見地に立った分類法なのです。そのため、飲食店や小売店など、実際にお酒を提供する現場では、清酒の香りや味を伝えるために様々な分類や表現での説明がなされています。

皆さんも「甘口」「辛口」という表現を聞いたことがあると思います。これは端的に味が想像しやすいと思います。

その他、「淡麗」「濃醇」という分け方もあります。こちらも字面から味や香りがなんとなく推測できるでしょう。

甘口・辛口を分けるものは「日本酒度」と呼ばれ、甘味の要因となるエキス分の量で決められます。淡麗・濃醇を分けるものは、日本酒に含まれる酸が多いほうがより濃醇、少ないほうがより淡麗と呼ばれます。

これらを組み合わせると、「淡麗辛口」「淡麗甘口」「濃醇辛口」「濃醇甘口」の4つに分けられます。

これを、先の「特定名称酒」の8種類と組み合わせると、理論上は8×4種類で32種類の分類ができます。
「純米吟醸酒であり濃醇甘口のお酒」もあれば、「吟醸酒であり淡麗辛口のお酒」もあるわけです。

「原料」による分類、「成分」による分類についてお話ししましたが、これだけでは、このお酒はどんな飲み口で、どんな料理に合わせたら良いのかという説明には、まだまだ不足しています。

そのため、飲食や小売りの現場では、様々な清酒の説明の仕方が考案されています。ここでは、「日本酒サービス研究会・酒匠研究会連合会（ＳＳＩ）」という、「唎酒師」などの資格を管理する団体の分類をご紹介します。

ＳＳＩでは、お酒を「薫酒」「熟酒」「爽酒」「醇酒」の４タイプに分けることを提案しています。

１０７ページの表の通り、味のシンプルさと複雑さ、香りの高さと低さを軸にした分け方で、実際のお酒の味わいと分類が連動するので、初心者の方にもわかりやすいでしょう。
例えば、「薫酒」は味わいとしてはシンプルですが、香りが華やかで大吟醸などに多い

日本酒の評価基準

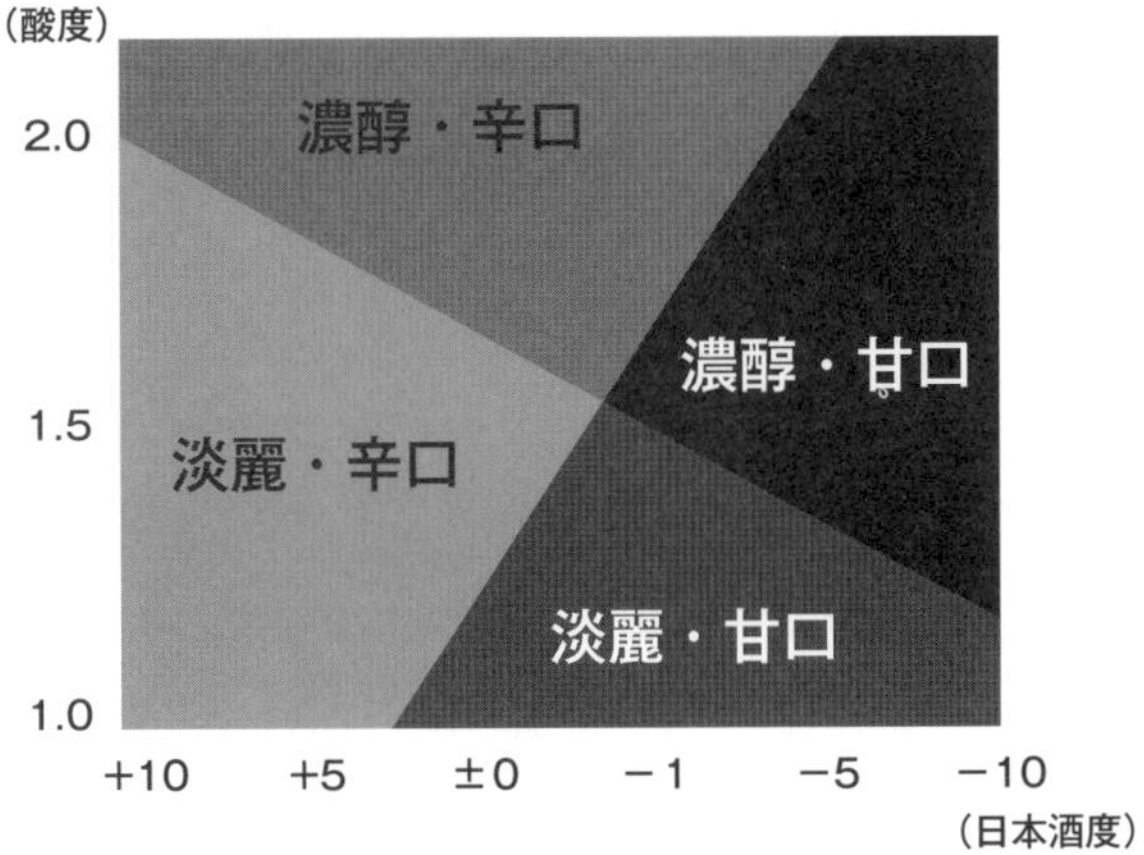

日本酒度による味の違い

酸度による味の違い

※濃醇は「芳醇」、淡麗は「端麗」とも書きます

タイプです。合わせる料理は華やかな香りと料理の匂いが喧嘩せず、調和するようなものを選ぶようにし、味も日本酒のシンプルさと調和するサッパリしたものが良いでしょう。

「醇酒」は味が複雑で旨味やコクがあり、香りは穏やかで、純米酒に多いタイプです。純米酒は米の味わいやふくよかな香りが残っているタイプのお酒なので、ご飯に合うような少し味付けの濃いものが合います。

「熟酒」は、複数年熟成させ、味や香りが熟成した清酒のことです。古酒とも言います。年度毎の違いが重要な観点のワインと比べると、清酒では複数年をまたいで消費される熟成酒の割合は小さいですが、清酒も熟成させることにより、独特の味や香りが増します。紹興酒のようにまろやかな甘味や強く複雑な香りが増すことが多く、中華料理やナッツなどに合います。

対照的に「爽酒」は、軽快な味と香りが特徴です。「淡麗」という語感に一番フィットするタイプかもしれません。味と香りが控えめなので、淡泊な料理を邪魔せず、素材の味わいを楽しむことができます。飲み方としては冷やして飲むのがおすすめです。

飲食や小売りなどサービスの現場で清酒を提供するプロフェッショナル向けの資格としては「唎酒師」の他に、一般社団法人日本ソムリエ協会が主管する「SAKEDIPLOMA」

日本酒の香味特性別分類（４タイプ）

※日本酒サービス研究会・酒匠研究会連合会（SSI）の資料をもとに作成

という資格もあります。こちらはソムリエ協会の提唱するワインに準じた外観・香り・味わいの評価が設定されています。

ワインとも共通項があることで、外国の方にもわかりやすい用語や説明方法が取得できます。詳しくは、一般社団法人日本ソムリエ協会のサイトをご覧ください。

ここまで、様々な日本酒の分類を見てきました。このほかにも、「山廃《やまはい》」や「生酛《きもと》」など醸造方法に着目した分類法もあります。

ただ、最近では、既存の分類の枠組みに沿った説明ではなく、味わいや香り、あるいは製造方法の特徴などを、造り手や小売店の店員の方、あるいは飲食店での提供者が、独自に自分の言葉で説明することが増えてきました。

例えば、「○○酒造の清酒△△は、原料米には＊＊を使用、酵母は△△酵母で、山廃仕込み、米のふくよかな香りと余韻の残るしっかりした味わいが特徴です」というような文章です。

このような説明文は、ここまでお伝えしてきた、「原料とその処理」「使用する微生物」「製造方法」「結果としてどのような味や香りになっているのか」の4点に着目して読むのがポイントです。

それぞれの深い読み解き方については本書の限られたページ数では書ききれませんので、多数ある優れた清酒の解説書をご参照ください。

焼酎の歴史

焼酎と他の発酵食品との違いは、「蒸留」という過程があることでしょう。蒸留とは、なんらかの成分が入った液体を一旦沸騰させて気体にして、その気体を回収して濃縮する工程のことです。

ワインを蒸留したブランデーや、ビールを蒸留したウイスキーも蒸留酒です。焼酎も清酒を蒸留すると焼酎になると言えます。

焼酎の歴史は約500年と言われており、最古の記録は、フランシスコ・ザビエルが薩摩半島で米からつくられた蒸留酒を飲む習慣があることを記載した報告書です。日本人が書いた最古の記録としては、鹿児島県の郡山八幡神社という神社で発見された1559年に書かれた木簡があります。内容は、「神主さんが焼酎をくれなかった、ケチ（現代語訳）」という愚痴を書き残したものでした。特筆すべきは、この時点で「焼酎」という名称が生まれていたことです。

このように、1500年代半ばには焼酎は薩摩地方で広く飲まれており、焼酎の誕生はその50年前にはあったのではないかと考えられています。

なぜ、薩摩地方、ひいては九州地方で焼酎の文化が生まれたのでしょうか。

それは、やはり暑さと関係があります。清酒は安定した醸造のために寒冷な環境を必要とします。温暖な地域では清酒づくりは難しく、また、つくったとしても、品質が劣化しやすくなります。しかし、蒸留酒であれば清酒と比べ製造中に腐敗する恐れがなく、また、保存もしやすいことから、薩摩地方を起源とし焼酎づくりが盛んになったと考えられています。

芋焼酎にはサツマイモが使われますが、元々中南米原産であるサツマイモがアジアに伝わったのは1600年頃、中国、琉球を経て薩摩に伝わったのが17世紀頃のことです。サツマイモは火山灰地でもよく生育する作物だったため、桜島の火山灰に悩む薩摩では一気に広まり、焼酎の原料としても利用されるようになりました。

焼酎の歴史を語る上で、泡盛に触れないわけにはいきません。泡盛は琉球、今の沖縄県特産の蒸留酒です。

原型となる蒸留酒は14世紀から15世紀頃に琉球に伝わったとされています。琉球は中国や東南アジアとの交易もあり、その過程で持ち込まれたのでしょう。なお、詳細な伝来ルートについては中国経由という説や、シャム（今のタイ）経由という説など、様々な説があります。製造技術が土着していく中で、様々な製法の改良がなされていきました。琉球と薩摩の交易の中で、薩摩にも泡盛の製造技術が伝わっていったようです。

泡盛には、黒麹菌という特殊な麹菌が利用されてきました。清酒や味噌、醤油に使う麹菌と異なり、黒麹菌はクエン酸を多量に生成します。このクエン酸が泡盛の醪《もろみ》（発酵途中の半固形状の状態のもの）を腐敗から守ってくれています。

その後、１９０９年頃に黒麹菌が沖縄から鹿児島に持ち込まれ、芋焼酎づくりにも使用されるようになり、広く普及していきました。

現代では、焼酎づくりは九州全域に広まり、福岡や大分では麦焼酎、熊本では球磨焼酎と呼ばれる米焼酎、また、奄美大島では黒糖を原料にした黒糖焼酎や、熊本・宮崎の一部では蕎麦を原料にした蕎麦焼酎など、地域の特色、生産物に応じた原料の焼酎がつくられています。

なお、国税庁によって、現在は49種類の原料が焼酎の原料として認められており、穀類などとこれらの原料を使用し、定められた製法に従い製造した焼酎は「本格焼酎」と名乗ることができます。

焼酎の49種の原料

あしたば、あずき、あまちゃづる、アロエ、ウーロン茶、梅の種、えのきたけ、おたねにんじん、かぼちゃ、牛乳、ぎんなん、くず粉、くまざさ、くり、グリーンピース、こならの実、ごま、こんぶ、サフラン、サボテン、しいたけ、しそ、大根、脱脂粉乳、たまねぎ、つのまた、つるつる、とちのきの実、トマト、なつめやしの実、にんじん、ねぎ、のり、ピーマン、ひしの実、ひまわりの種、ふきのとう、べにばな、ホエイパウダー、ほていあおい、またたび、抹茶、まてばしいの実、ゆりね、よもぎ、落花生、緑茶、れんこん、わかめ

焼酎の種類

焼酎はその製法によって大きく2種類に分かれます。「甲類」と「乙類」です（2006年の法改正により名称が変わりましたが、現在も「甲類」「乙類」の表記は残っています）。甲乙と聞くと優劣のように感じますが、そのような意味ではありません。

甲類と乙類の違いは、焼酎の蒸留の仕方の違いで説明されます。甲類の焼酎は「連続式蒸留」、乙類の焼酎は「単式蒸留」と呼ばれる蒸留法で行われます。

甲類に使われる連続式蒸留はよりピュアなアルコールを生成することができ、これを水で割ったものが、甲類焼酎として販売されています。一方、乙類に使われる単式蒸留はアルコール以外の成分も含まれるため、香りや味のバラエティに富んだ焼酎を製造することができます。芋焼酎、麦焼酎、米焼酎など、いわゆる焼酎の大半は、この乙類焼酎です。

先に述べたとおり、甲乙というと優劣のように感じられるので、乙類焼酎のことを本格焼酎とも表現します。一方、甲類はホワイトリカーとも表現され、チューハイやカクテル、梅酒などのベースに使われたりします。

甲類焼酎と乙類焼酎は、同じ焼酎と言っても、実は大きく異なるアルコール飲料です。もともと日本には蒸留酒がなく、蒸留酒はすべて「焼酎」と表現していた時代があったため、いずれも焼酎と呼ばれていますが、原料が違いますし製造方法も大きく異なります。甲類焼酎の原料は、現在ではサトウキビが多く、また、製造の途中でそもそも麹を使いません。一方、乙類焼酎は米、麦、芋を中心に、蕎麦や紫蘇など、様々な原料を使い、麹も使用します。

この本では、特に断りなく「焼酎」と記載する場合は、乙類焼酎（本格焼酎）のことを指し示しています。

焼酎の地域性

焼酎・泡盛と言うと、九州・沖縄地方のイメージが強いと思いますが、九州の中でも地域によって違いがあります。

大きくは福岡・佐賀・長崎・大分の麦焼酎、熊本の米焼酎、宮崎、鹿児島など九州南部の芋焼酎に分けられます。

味噌の項目でも紹介した通り、九州地方は麦味噌の文化でした。そこで、麦を使ったアルコール飲料をつくることは自然な流れだったと言えるでしょう。現代でも、特に大分では麦焼酎の消費量が焼酎全体の90％以上を占める根強い麦焼酎の文化です。また、長崎の壱岐も麦焼酎の発祥の地として知られています。

熊本では球磨焼酎という米焼酎が盛んです。大分と異なり、米焼酎の消費量が焼酎全体の9割を超えます。熊本の人吉地区を中心に九州有数の米の産地であり、球磨川の水を使った米焼酎が栄えました。

南九州では、芋焼酎が盛んです。原料となるサツマイモは名前の通り、薩摩国、現在の鹿児島県を中心に広まり、現在でも鹿児島県はサツマイモの産地です。沖縄から蒸留の技術が伝わったのも鹿児島です。

また、これ以外にも、宮崎の一部では蕎麦焼酎、奄美では黒糖焼酎が地域の特色となっています。

焼酎の選び方

焼酎は、米、麦、芋、そして、蕎麦や黒糖など、原料によってその味わいが大きく異なります。多くの料理店では、それぞれの種類の焼酎を取りそろえています。まずは、自分

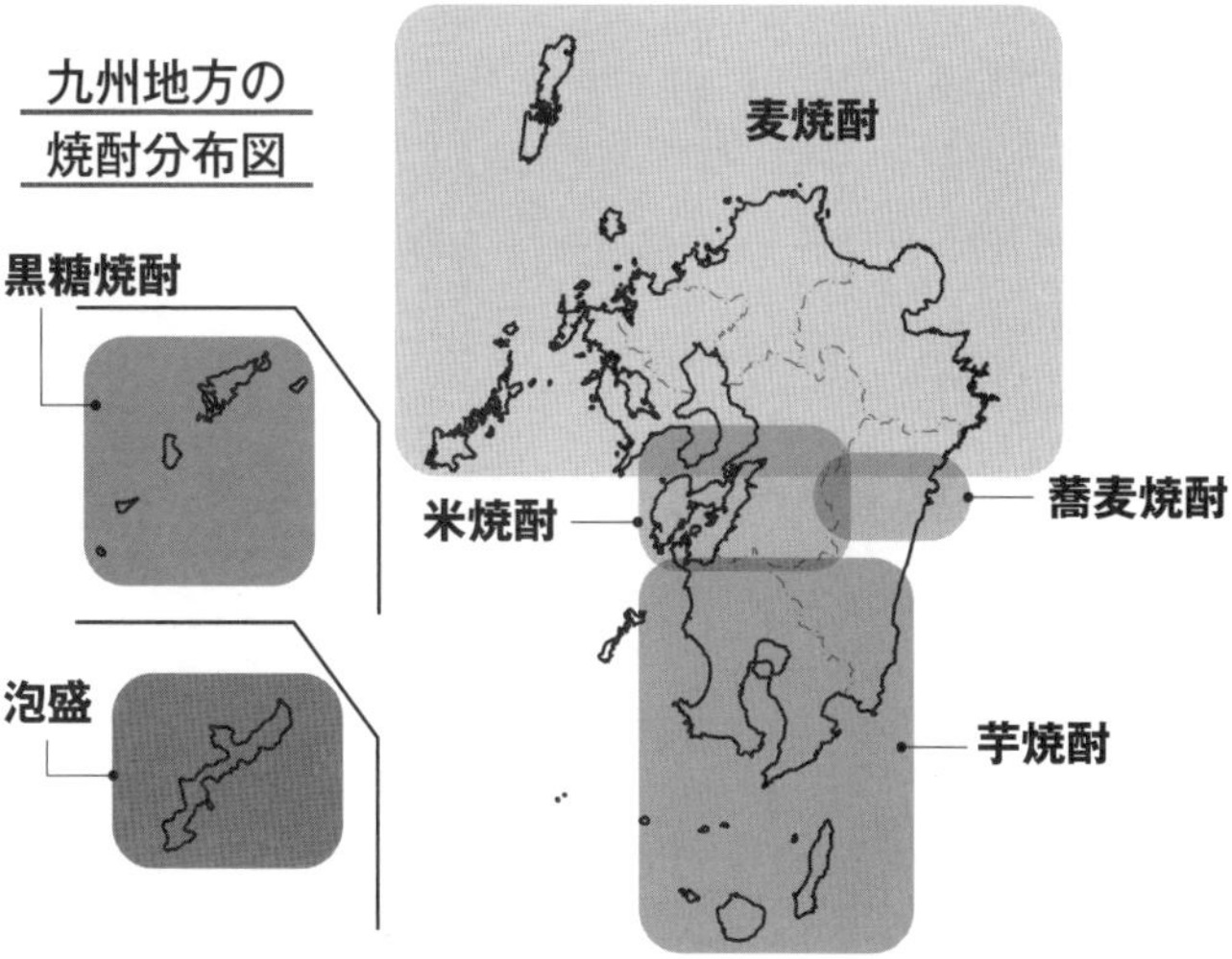

にとって、フィットする原料の焼酎を探しましょう。

焼酎の味わい方は、清酒の味わい方によく似ています。

香りがしっかり立つ濃いものから、軽快なフレーバーのもの、また、味わいが複雑なものとシンプルなものという2軸で考えられると良いでしょう。

SSIでは、香りが高く味が複雑なものをキャラクタータイプ、香りが低く味が複雑なものをリッチタイプ、香りが高く味がシンプルなものをフレーバータイプ、香りが低く味がシンプルなものをライトタイプと表現しています。

また、焼酎はロック、水割り、お湯割り

など飲み方も幅広いお酒です。

基本的には温度が低いほど香りが立ちにくくキリッとした味わい、温度が高いほど香りがよく立ちマイルドな味わいとなります。

そのため、キャラクタータイプは清酒で言う「熟酒」、リッチタイプは清酒で言う「醇酒」、フレーバータイプは清酒で言う「薫酒」、ライトタイプは清酒で言う「爽酒」に相当します。

それぞれに合う料理は、１０７ページの日本酒の香味特性別分類（４タイプ）をご参考ください。

その他の日本の発酵食品

ここまで、日本の発酵食品の多くを占める味噌、醤油、清酒、焼酎についてお伝えしてきました。日本の食卓にはこれ以外にも、たくさんの発酵食品が登場します。

続けていくつか、見ていきましょう。

みりん

みりんは酒税を課される酒類の仲間でもあります。もち米、米麹とともに仕込みのときに焼酎やアルコールを混ぜて発酵・熟成させます。アルコールは仕込みの段階では40％と非常に高いですが、最終的には14～15％ほどとなります。

みりんが記録として登場するのは16世紀末の安土桃山時代で、この頃はまだ、甘いお酒として直接飲用するものでした。江戸時代になると、料理に使われるようになり、江戸時代後期の書物『守貞漫稿《もりさだまんこう》』には、蕎麦つゆや鰻のタレに使用されている記録があり、ほぼ、現代のような使い方になったようです。

みりんは、料理に甘味やコクやうま味を付与したり、テリやツヤを出したり、煮崩れを防止するなどの効果があります。

近年では、これらの効果を保ちつつ、調理に使われる発酵調味料やみりん風調味料という商品も多く販売されています。発酵調味料はアルコール分が10％前後ですが、清酒として販売されないように塩を入れています。みりん風調味料は、糖やアミノ酸などを混合したもので、アルコール度数が1％未満の調味料です（アルコール度数が1％以上になると酒類として取り扱われます）。

酢と寿司

酢は人類が発見・発明した調味料としては最古参の部類に入り、数千年前のバビロニアやエジプトなどでも利用されていました。

果実由来の酢にはワインビネガーやバルサミコ酢、リンゴ酢などが、穀物由来の酢には日本古来からある米酢があります。

日本では奈良時代にはすでに、酒や味噌、醤油のもとになった「醤」などと同じく、酢もつくられていました。しかし、実際にはそれ以前からつくられていたと考えて良いでしょう。また、平安時代の『延喜式』という書物には酢の製造法も書かれています。

とは言うものの、日本で量産化が進んだのは江戸時代です。酢を利用した寿司が現れたのもこの頃となります。寿司は、魚のうま味や米の甘味だけでなく、酸味も味の要素として欠かせません。ですが、その酸味の由来が、寿司によって異なります。

微生物学的に言えば、酢の酸っぱさは酢酸菌が出す酢酸によるもので、鮒寿司の酸っぱさは乳酸菌による乳酸の酸っぱさとなります。鮒を漬け込む過程で乳酸菌が繁殖し、乳酸由来の酸っぱさや匂いが生まれます。また、魚自体が持っている酵素が、米や魚を分解して、これもまた、うま味をはじめ複雑な味わいや独特の匂いを生んでいきます。

秋田のハタハタ、紀州のサバなど、全国各地に、その土地の魚を活かして、このような、魚と米と乳酸菌による「発酵」の寿司が今も根付いています。

納豆

日本の発酵食品には麹を使ったものが多いとお伝えしてきましたが、麹を使わない発酵食品もあります。その代表格が、納豆です。

納豆とひと口に言っても、その種類はたくさんあります。一般的な糸を引く納豆のことを「糸引き納豆」と言います。古典的なつくり方としては、納豆菌がついた藁の中に煮た大豆を詰めておくと、藁についている納豆菌が繁殖し、糸を引いた納豆になります。

一方、糸を引かない納豆があります。京都の「大徳寺納豆」や、浜名湖周辺や豊橋市でつくられる「浜納豆」です。これらは大豆を塩水につけて麹菌を生やしたもので、「塩辛納豆」と呼びます。これらの納豆は、寺社でつくられることが多く「寺納豆」とも呼ばれます。

塩辛、魚醤

日本の発酵文化において、塩辛や魚醤など魚の発酵食品も重要です。

ただし、魚の発酵食品については、製造過程で成分の分解や変化が起きるのは微生物ではなく、魚の内臓によるもののため、発酵とは言えないのではないか、という考え方もありますが、本書では発酵食品として紹介します。

塩辛は、イカをはじめとする魚介類から内臓を取り出し、内臓、魚の本体、塩と一緒に容器に入れて発酵させてつくります。

塩辛として有名なのはイカですが、「このわた」として知られるナマコの内臓の塩辛や、「うるか」と呼ばれるアユの内臓の塩辛もあります。酒盗《しゅとう》はカツオやマグロなどを利用した塩辛ですし、地域によってはウニの塩辛などもあります。北海道には鮭の背わたの塩辛「めふん」があります。

また、魚を利用した液体調味料である魚醤も発酵食品の1つです。

秋田の「しょっつる」、石川の「いしる」などが有名です。秋田のしょっつるはおもにハタハタからつくられており、石川のいしるはイワシなどからつくられます。とれた魚を少しでも長く保存し、また内臓など捨ててしまうような部分でさえもなんとか利用しようとした日本人の食への意地と探究心が垣間見えます。

漬物

しば漬け、糠《ぬか》漬《づ》け、たくあん、千枚漬け、すぐき漬け、わさび漬けなど、日本各地に地域の漬物が存在します。また、世界にも、キムチ、ザワークラウト、ピクルスなど多くの漬物があります。

漬物のつくり方は、基本的には、塩、酢、唐辛子など保存性を高めるものと一緒に野菜類を漬け込みます。すると、生育する微生物が野菜類に侵入します。多くの場合、漬物では乳酸菌がその役目を担います。そして、乳酸菌の作用により、さらにpHが下がることで保存性が高まったり、風味が増したりします。

とは言うものの、漬物も様々な種類があり、塩分の濃度やpHの状態も様々です。常温でもかなりの期間、日持ちがするものもあれば、数日、あるいは当日のうちに食したほうが良いものもあります。

塩麹

麹と塩を混ぜた調味料である塩麹の歴史は、わずか15年程と言って良いでしょう。大分県の麹メーカー「糀屋本店」の浅利妙峰さんが、麹の新しい利用法として提唱し、商品化されたのが2007年のことで、そこから一気に大ブームになりました。

浅利さんの着想の大本は、江戸時代に書かれた書物に野菜や魚の漬け床として「塩麹漬」

という記述があったことに由来します。

実際、国立情報学研究所（ＮＩＩ）が提供する論文、図書・雑誌や博士論文などの検索サイトで「塩麹」を検索すると２００７年以降、１０５本の論文や記事が見つかりますが、２００６年以前の論文はなく、ここからも近年、瞬く間に広まった食品だとわかります。

塩麹自体は、様々なメーカーから多様な商品が出ていますし、麹と塩を混ぜるだけという簡単さから、様々なレシピ、使い方が提唱されています。とは言え、味噌や醤油の１０００年近い歴史からすれば、たった15年ですので、まだまだいろいろな使い方が提唱されていく段階で、これからますます大きく発展していくことでしょう。

鰹節

鰹節をつくるには、麹菌の仲間が使われます。「節」とは、鰹に限らず魚の身を固く乾燥させたもので、さば節や、ソウダカツオを用いた宗田節などがあります。江戸時代に、鰹節の原型となる鰹を乾燥、燻製にしたものが流通していましたが、直ぐにカビが生えてしまうため、むしろ、あらかじめ狙ったとおりのカビを生やすことで他のカビが生えてくるのを防ぐとともに、カビが水分を吸ってくれるので乾燥して保存性も高まるという、現在の鰹節の製造方法が生まれました。

現在では、鰹節はカビをつけて乾燥させ、カビを落としてまたカビを生やして乾燥させ……という作業を何回も繰り返します。この回数が多いものほど、美味しく、上等なものとされています。鰹節で有名なメーカー、にんべんのホームページによれば、カビをつけていないものを「荒節」、2回以上カビをつけたものを「枯節」、4回以上カビをつけたものを「本枯鰹節」と呼ぶそうです。

カビの作用は乾燥させることだけでなく、そのカビが出す酵素によってカツオの身が分解されてイノシン酸が生まれ、和食には欠かせない出汁のもとになっていきます。

食べ物以外の発酵

食べ物以外にも、日本では発酵文化が息づいています。

例えば、染料の藍染めにも発酵の技術が使われています。

藍色を英語でインディゴと言いますが、そもそもインディゴは染料、ないし、染料の物質の名前です。日本の藍染めの技術において、インディゴを生成するのは微生物の働きです。

染料液に灰を加えると、染料がアルカリ性になります。アルカリ性の中で生きられる微生物はあまりいませんが、インディゴの生成に必要な微生物はアルカリ性に耐えるので、藍染めに必要な微生物だけが育成でき、藍染めの染料になっていきます。
灰を混ぜてアルカリ性にして、余計な微生物を寄せ付けない技術。これは、種麹の技術とも同じです。他にも、皮をなめす（柔らかくする）技術でも、石灰を使ってアルカリ性にした液に浸し、アルカリに耐える微生物の力を利用する方法があります。

また、日本古来の建築技術である土壁も発酵の賜《たまもの》です。土壁は、その地域の土と水、藁などの植物を混ぜてつくられるのですが、土や水の中には微生物が存在していて、壁をつくる過程で練り込まれていきます。その練り込まれた微生物が活動することで、例えば、水の中にいた微生物が土の鉄分と反応するなど、様々な化学反応が生まれます。
その結果、生成される物質が、土壁一枚一枚固有の壁の表情を醸し出します。また、発酵によって藁から生み出されたリグニンという物質が接着剤の役割を果たし、壁に強度を与えます。

土壁に囲まれた部屋で、微生物が生み出した壁の表情を見ながら、微生物が生み出したインディゴで染められた藍染めの着物で、発酵食品を食べる。日本古来の衣食住すべてに、発酵が関わっています。

第4章

世界と日本の発酵

世界の発酵食品

第4章では、世界の発酵食品についてお伝えしていきましょう。

世界各国にもそれぞれ発酵食品があります。

例えば、フランス料理にはワインが欠かせません。ドレッシングにはバルサミコ酢が入っていますし、付け合わせのパンも発酵食品です。パンにつけるバターには発酵するものがあります。デザートなどにヨーグルトソースが使われていれば、これも発酵食品です。

中華はどうでしょうか。味付けには、豆板醬、甜麺醬、XO醬など様々な調味料が使われますが、第3章でお伝えした通り、「醬」は、味噌や醤油と共通の祖先を持つ発酵調味料です。また、紹興酒や白酒《パイチュー》などのお酒、ザーサイも発酵食品です。

エスニック料理に目を向ければ、ニョクマムやナンプラーなど魚を発酵させた調味料も食卓に上ります。

マニアックな発酵食品としては、シュールストレミングという発酵食品があります。主にスウェーデンで生産されるニシンの塩漬けで、「世界で一番臭い発酵食品」と言われています。発酵食品の臭さをしめすAu＝アラバスター単位という単位で、納豆が452あるのに対して、シュールストレミングは8070もあります。現地、スウェーデンでは屋内での開缶が法律で禁止されている程です。

その他、アラスカで長年つくられているのは、アザラシに鳥を詰め込んで、地中で何年も眠らせてつくるキビヤックという発酵食品です。現地の人にとって、貴重なビタミン源であり保存食です。

アジアの内陸部では、チンギスハンを生んだ騎馬民族が、馬やヤギの乳を利用してチーズをつくっていますし、アフリカ地域では、バナナや植物の種子などを利用して、味噌状のペーストにしたりアルコール飲料にするなど、原始的な発酵食品が多数存在しています。

世界の発酵食品を2つの視点で分類してみましょう。

1つは「微生物による分類」、2つは「用途・原料による分類」です。

世界の発酵食品の分類①微生物

微生物によって発酵食品を分類できることは、すでに第2章でご紹介しました。

これを、世界地図に重ね合わせると、大きく2つに分かれます。本書ではわかりやすく、

4大文明が起きたアジアからヨーロッパの範囲に話を限定してお話ししましょう（なお、本書では東洋と西洋の境目を、メソポタミア文明とインダス文明の間ぐらいに置きたいと思います）。

大きく分けると、東洋側にはカビを利用する発酵食品が多くあります。麹菌を使う味噌や醤油、清酒、焼酎などだけでなく、中国ではクモノスカビを使ってお酒をつくりますし、インドネシアではテンペ菌というカビを大豆に生やした発酵食品が食べられています。対して西洋側は、ビールやワイン、パンなど酵母だけを利用する発酵食品や、チーズ、バター、ヨーグルト、ピクルスなど、単一の微生物でつくられている発酵食品が多い傾向にあります。

この微生物の違いは、気候による影響も大きいです。

東アジアから南アジアは、温暖湿潤気候や温帯夏雨気候（亜熱帯モンスーン気候）に分類されています。一方、中近東からヨーロッパ地域の多くは、砂漠気候や地中海性気候、西岸海洋性気候に分類される地域が多いです。

この違いは、湿度の差です。シンプルに言えば、ジメジメした東洋と、からっと乾燥し

酵母とカビの文化圏

た西洋と言えるでしょう。
カビは高温多湿の環境で生育するため、東アジアではカビが生えやすく、相対的に乾燥している中近東からヨーロッパ地域では、あまりカビが生えません。その結果、東アジアから南アジアでは、カビを利用した発酵食品が多いのです。
このカビの生えやすさは近年、SDGsなどで注目されている廃プラスチックの動きにも関わります。
乾燥している国や地域においては、紙袋に食べ物を入れても、食べ物が傷むという心配をしなくてもよいのに対し、アジア地域は、特に夏場は高温で非常に湿気が多いので、食べ物を保存するためには、どう湿気を防ぐかということに気を配らなければいけません。

また、お弁当も、クッキーや、リンゴやオレンジなど皮をむいていない状態の果物、乾燥したパンにハムやチーズを挟んだサンドイッチなど、比較的乾燥していて容器が紙でも問題ないものが多い文化と、肉じゃがなど汁気のある食べ物が多い食文化では、水や湿気をシャットアウトするビニールやプラスチック製品の利便性や必要性は、当然異なるでしょう。

最近は、プラスチック製のストローやお皿の代わりに、紙ストローや紙皿を利用したりすることも多くなりました。ですが、紙はプラスチックと違って、湿気を吸ってしまいます。下手すると、長期間の保存中にカビが生えてしまったりします。押し入れに入れておいた昔の取扱説明書にカビが生えてしまった経験など皆さんもあるのではないでしょうか。

私は、必要以上に自然環境に負荷をかける必要はないと思います。例えば、プラスチックが野生動物の誤飲の原因になっていることなどは、できるだけなくすことに異存はありません。

一方で、そもそも気候的に乾燥した国や地域に住まわれている方が提唱する、プラスチックを使わない生活の難易度と、日本のように高温多湿でジメジメしたカビの生えやすい（そして、他の微生物も繁殖しやすい）地域に住んでいる人々にとっての廃プラスチック社会実現の難易度を、同じにして考えるのは無理があると考えています。

今、気候や環境の変動について考えることは避けて通れませんが、微生物は自然環境の根幹です。発酵食品を通じて、自分たちの住む地域の微生物の特性を知って、自分の地域の実情を踏まえた上で、地球規模で考える必要があるでしょう。

世界の発酵食品の分類②用途・原料

発酵食品は、「調味料」「アルコール・飲料」「主食」「おかず・副菜」と、用途によっても分けることができます。日本の発酵食品をこれらに分けると、次のようになります。

調味料……味噌、醤油、酢、みりん、魚醤類、鰹節　など
アルコール・飲料……清酒、焼酎、甘酒、発酵茶　など
主食……寿司（酢飯）　など
おかず・副菜……漬物、納豆、くさや、塩辛、肉の麹漬け　など

こうしてみると、日本の発酵食品は様々な用途に用いられていることがわかります。
また、第3章でもお伝えしたように、例えば味噌や醤油の原型が中国の醤や豉にあった

り、清酒や焼酎の原型がアジアから伝わったりするなど、日本の発酵食品とアジアの発酵食品の共通性は高いです。

日本でも、「いしる」や「しょっつる」などの魚醤がありますが、東南アジア地域でもニョクマムやナンプラーなどの魚醤類が有名であることは、すでにお伝えした通りです。

ヨーロッパ地域の発酵食品を用途別に分類すると、次のようになります。

調味料……バルサミコ酢、リンゴ酢、ワインビネガー、バター　など
アルコール・飲料……ワイン、ブランデー、ビール、ウイスキー、ウォッカ、シードルなど
主食……パン　など
おかず・副菜……チーズ、ヨーグルト、ピクルス、ザワークラウト　など

続けて、発酵食品の原料に着目してみましょう。

米や麦や豆などの「穀物」の他、日本のたくあん（大根）、ドイツのザワークラウト（キャベツ）などのような「野菜」、ブドウからできるワインのような「果実」、寿司や魚醤など

発酵食品の用途別原料

		調味料	アルコール・飲料	主食	おかず・副菜
穀物	東洋	味噌・醤油・米酢・みりん・コチュジャン・豆板醤	清酒・焼酎・甘酒・紹興酒・白酒	寿司（酢飯）・パン	納豆・テンペ
	西洋	ビネガー	ビール・ウイスキー	ナン・トルティーヤ	
野菜・葉・根	東洋		発酵茶		（日本の）漬物・キムチ・ナタデココ
	西洋		テキーラ（メキシコ）		ザワークラウト・ピクルス
果実	東洋				
	西洋	リンゴ酢・バルサミコ酢・ワインビネガー	ワイン・ブランデー・シードル		
魚	東洋	鰹節・いしる・しょっつる・ナンプラー・ニョクマム・魚醤類			くさや・塩辛
	西洋				シュールストレミング・アンチョビ
乳	東洋		乳酒（中央アジア）		
	西洋	バター			ヨーグルト・チーズ

のような「魚」、チーズやヨーグルトのような「乳」を原料としたものがあります。

原料と用途で分類したのが上の表です

この表からもわかる通り、東洋側は穀物や魚を発酵食品にする傾向があると言えるでしょう。対して、西洋側は、果実や乳を利用した発酵食品が多いという傾向があります。

果実や乳を使った発酵食品が東洋側に少ない理由としては、やはり、温暖湿潤な地域であることが挙げられます。

温暖湿潤で、様々な微生物が活動しやすい地域では、果実や乳を発酵食品にしようとしても、有益な微生物が繁殖するより先に、有害な微生物が繁殖する可能性が高いからです。

実際、日本でも奈良時代には動物の乳を利用した発酵食品があったようですし、日本列島にいた人々も、縄文時代などでは果実を採取し、果実由来のお酒をつくっていたと考えられますが、それらが味噌や醤油、清酒などのように定着することはありませんでした。

一方で、同じアジア地域でも比較的乾燥した中央アジアでは、ヤギや羊の乳でヨーグルトをつくったり、時には、アルコール飲料も乳からつくったりしています。

お酒の神様と言われ、発酵学の大先人である坂口謹一郎先生は、

「多くの国では酒の原料はその国民の主食と一致することが通則である。したがってその原料がその土地の気候風土あるいは文化の生産物であれば、それからできる酒もまた、必然的に同様の影響の下に生まれたものといわざるをえない」（『坂口謹一郎酒学集成2　世界の酒の旅』岩波書店）

と述べています。まさに、気候風土が、育つ作物や活躍する微生物を選び、地域の発酵食品になっていったのです。

左の図は、文化人類学者・吉田集而先生が責任編集を務めた『人類の食文化』（監修・

伝統的な調味・香辛料の分布

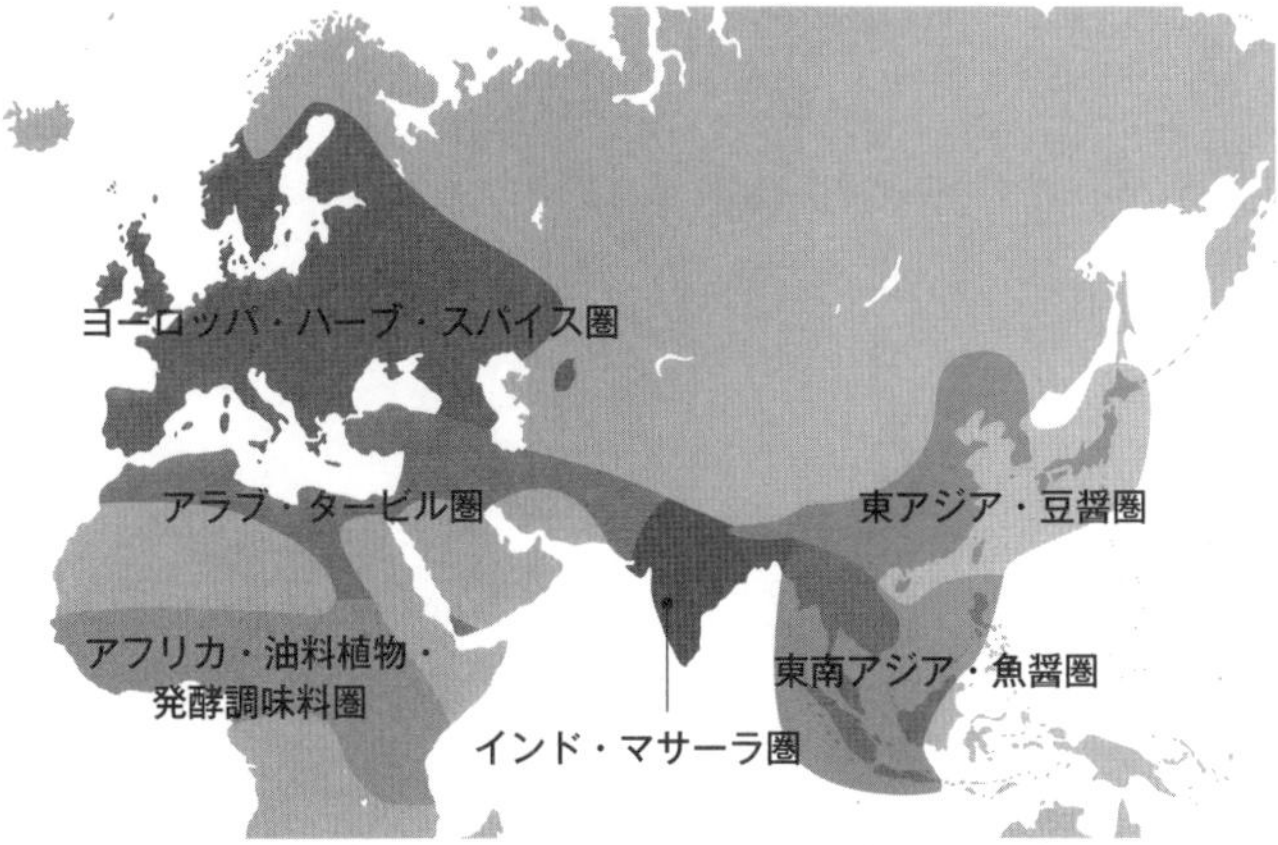

※『人類の食文化』（石毛直道監修、吉田集而責任編集／味の素食の文化センター）を参考に作成

石毛直道／味の素食の文化センター）から、「世界の食文化地図」の「伝統的な調味・香辛料の分布」を参考に作成した図版です。

　この図によれば、東アジアや東南アジアは、豆でつくる「醤」、つまり「豆醤」（味噌や醤油も入ります）、もしくは、魚でつくる魚醤を、ヨーロッパはハーブ・スパイス、インドやアラブは、マサーラやタービル（いずれも香辛料のこと）を使うことがわかります。

　これは、私たちの生活の実感にも合っているのではないでしょうか。

　実際に、日本では魚の刺身を醤油で食べますし、しゃぶしゃぶやすき焼きなども、醤油をベースにしたタレを使用します。

　一方、西洋風のステーキを食べるときは、胡椒やハーブなどで味を整えたものが多いです。魚料理も、パエリアなどはスパイスやハーブで味付けしてあります。レモンと一緒にパセリを振ることも多いでしょう。宅配ピザを頼むと、スパイスやハーブの小袋がついてきたりします。

ハーブやスパイスで味をつけることに慣れた西洋の方にとって、発酵食品を味付けに使うというのは、私たちが思っている以上に斬新なもののようです。

調味料は多くの料理に使うことから、その文化の味覚の基本に大きな影響を及ぼします。味覚の深いところに発酵食品が影響を及ぼしていることも、日本の発酵食品に世界が注目している理由の1つでしょう。

味噌と醤油が刺激する味覚 「塩味」と「うま味」

ところで、ハーブ・スパイスと、味噌や醤油などの発酵食品では、刺激される味覚が異なります。

この話に移る前に、まず「味覚」について簡単にお話ししましょう。

人間は、舌にある味蕾《みらい》と呼ばれる細胞に、食べ物の何らかの成分が接触すると、そこで反応が起きて、味を感じることができます。

その、味蕾で人間が感じ取ることができる味は、甘味、酸味、塩味、苦味、うま味の5種類だと言われています。

「あれ？　辛味は？」と思った方もいらっしゃるでしょう。実は辛味は、痛覚を刺激した痛みではないかと考えられています。


5つの味から、味噌や醤油がもたらす「塩味」と「うま味」の2つに注目してみましょう。

味噌や醤油は、しょっぱい、塩辛いというイメージがあると思いますが、実際、普段食事をしていて、「もうひと味欲しいな」「ちょっと塩辛さが足りないな」というときに、醤油をかけることが多いのではないでしょうか。

一方、西洋では塩味を付けるための発酵食品はほとんど見かけません。人間が生きていくためには、塩分、すなわち、ナトリウムが必要ですが、ナトリウムは動物性の食べ物からはたくさん摂ることができても植物から摂取するのは難しく、世界のどの地域でも、人間が狩猟生活から農耕生活に入り、食事が肉食から草食（菜食）に変化していくにつれて、塩を別途摂取する必要が出てきました。

特に、日本で広まった米は、ナトリウムをほとんど含みません。そのため、ご飯のお供は、ナトリウム（塩味）を含むものが好まれます。醤油をかけた納豆、辛子明太子、塩辛、卵かけご飯には醤油、お新香など、これらはすべて発酵食品です。

そう、肉食が続く文化と違い、宗教的な理由からも、肉を忌避し、米を中心とした食生活であった日本人は、米中心の菜食では補えないナトリウム（塩味）への要求から、塩を使った発酵食品である味噌や醤油を発展させたのです。

その中で、塩そのものを運ぶだけでなく、味噌の形にすることで、大豆のタンパク質と塩、ナトリウムを携行しやすくなったのです。

さて、現在、世界でベジタリアンやビーガンなど、肉をできる限り摂らない（ビーガンの場合は一切摂らない）食生活のムーブメントが広まってきています。レストランなどによっては、ビーガン対応メニューを表示するところも増えてきました。また、タンパク質クライシスの観点からも、動物性ではないものからタンパク質を摂ろうという動きが盛んになってきています。

この点から注目されるのが、日本の精進料理など、動物性の食べ物を一切摂らない、さらには、スパイスやハーブなどの刺激物もほとんどない、和食のメニューです。

精進料理などの和食は、一見、栄養バランスに優れているようですが、難点は、植物性の素材からは摂取しにくいナトリウムの摂取です。しかし、日本人はそれを味噌や醤油の発明で乗り切りました。これからも世界のトレンドが菜食主義に向かうに当たって、「塩味」の調味料としての味噌や醤油には、まだまだ飛躍的な可能性があると言えるでしょう。

日本人が発見した「うま味」

味の基本は5味とお伝えしましたが、実はその中で「うま味」だけは、その存在が20世紀に入るまで疑問視されていました。

しかし、化学者である池田菊苗さんが、湯豆腐の昆布出汁をきっかけに、グルタミン酸ナトリウムと呼ばれる成分を発見します。その後、鰹節の持つイノシン酸や、椎茸が持つグアニル酸など、様々なうま味の成分が発見されていきます。そして2002年、味蕾が「うま味」を感じることが科学的に解明されました。

さて、うま味の成分は、主にアミノ酸と核酸に分かれます。このうち、アミノ酸はタンパク質が分解されて生まれます。味噌や醤油など、大豆を発酵してつくる発酵食品は、麹が持つ酵素の力でタンパク質が分解されアミノ酸になります。これはまさに、微生物が「うま味」を生産してくれているのです。

アミノ酸もまた、人間が生きていくためには欠かせない栄養素の1つです。ナトリウムが足りなくなると塩味が欲しくなるように、アミノ酸は「うま味」と結びつき、人間は「美味しい」と感じられるアミノ酸を欲しくなるようになっています。

このアミノ酸が欲しいという現象が、「肉が食べたい」という欲求になるのか、「味噌汁が飲みたい」という欲求になるのかは、どんな食文化で、どんな環境にいたか、また、どんな味の経験と記憶を持つかによります。草食文化であった日本においては、アミノ酸を味噌や醤油や出汁などに求めるわけです。

さらに、「うま味」の成分は数種類を掛け合わせることで、それぞれを単独で摂取するより「うま味」を感じる効果が劇的に強まることが知られています。

具体的には、昆布だけで出汁をとるよりも、鰹節や椎茸の3つを同時にとると、同じ量のグルタミン酸でも、うま味の感じ方が変わります。和食は、味噌や醤油、鰹節などの発酵食品に加え、昆布の出汁や、カビの仲間である椎茸などを組み合わせますが、これは、科学的にも合理性のある調理法なのです。

「うま味」は、特に西洋地域の人にとっては、存在自体が知られているものではありません。その証拠に、英語に「うま味」に相当する単語はありません。甘味はスイート、塩味はソルティ、苦味はビター、酸味はサワーと、それぞれ単語があるのにもかかわらずです。

しかし、西洋の料理にも確かに、うま味に相当するものが存在します。肉の骨や野菜を煮込んでつくるブイヨンはうま味を引き出す調理法で、日本の出汁に相当すると言えるかも知れません。

しかし、ブイヨンによってつくられたシチューやスープは、スパイスやハーブで味付けされた料理とよく合いますが、和食の吸い物は比較的薄味の煮物でも十分に美味しさを感じることができます。そのため、出汁によって味付けをすることで、必要以上に塩分や刺激物をとる必要がなくなるだけでなく、素材の味を活かした料理をつくることができます。

フレンチやイタリア料理に比べると、和食のほうが「素材の味をそのまま活かす」という思想が強いように感じるのは、「うま味」を認識し、調理に活かす技術があるからかもしれません。

「うま味」と「辛味」の魅惑の世界

味噌や醤油、鰹節などの発酵調味料による「うま味」は、和食に大きな影響を及ぼしています。特に違う食文化圏の方と話をするとき、醤油、あるいは、スパイスを振りながら、こんな知識も披露できると互いの文化理解がより深まるでしょう。

ところで、この「うま味」の発酵調味料である醤油と、「辛味」で感覚器を刺激する調味料であるスパイスの組み合わせは、時に絶妙なハーモニーを奏でます。

醤油とスパイス、と聞くと、ちょっと奇妙に感じるかも知れません。しかし、日本人が慣れ親しんでいる醤油とスパイスの組み合わせがあります。それは、醤油とわさびです。

ちなみに私は、目玉焼きには醤油だけでなく、七味唐辛子を少しかけます。これによって、醤油のうま味の美味しさもグッと引き立つだけでなく、目玉焼きの白身や黄身の味もより輪郭がハッキリと浮かび上がってきます。また、唐辛子の辛味刺激が醤油によって調和され、醤油、白身、黄身、唐辛子の絶妙なハーモニーが味わえます。これを、「職人醤油」代表の高橋万太郎さんは「醤油とスパイスの魅惑の世界」と表現してくれました。ぜひ、皆さんも一度お試しください。

工業的・農業的世界観で清酒とワインを比較する

世界との比較を、今度は清酒とワインで見てみましょう。

145ページの図は、新潟大学日本酒学センターの岸保行准教授が作成した図を参考に作成したものです。岸准教授によれば、清酒は「工業的世界観」の製品であり、ワインは「農業的世界観」の製品として整理されます。どういうことでしょうか。

清酒の原料である米は農産物ですから、毎年の出来・不出来が生じます。その出来・不出来を、複雑な製造工程の中で整えていくのは杜氏です。消費者側も、同じ銘柄の同じランクの商品であれば、「毎年変わらぬ味」として、一定の品質の幅に収まっていると信じています。言わば、「工業的世界観」の商品と言えます。

それに対してワインは、原料であるブドウの毎年の出来・不出来が製品の味に直結し、むしろ、年度ごとに品質のブレがあることを前提にしています。だからこそ、ビンテージ、当たり年という概念が生まれます。

清酒の場合は清酒メーカーが米を購入することが多いですが、ワイナリーの場合は醸造家が自分でブドウを育てることが多いです。すなわち「農業的世界観」の製品と言えます。この「農業的な世界観」の延長にあるのが、「テロワール（地域性、気候や風土を大切にする考え方）」という価値観です。

では、「工業的な世界観」の延長には何があるのでしょうか。私は、そこには「ものづくり」の価値観があると考えます。

実際、多くの醸造メーカーが、先祖代々受け継いで大切にしているものを、「代々受け継いできた技術」や「代々受け継いできた味」という表現で話されます。

一方、海外で代々ワイナリーなどをされている方だと、「代々受け継いできた農地」というように、土地を受け継ぐものとして考えていらっしゃる方が多いように体感しています。

清酒メーカーである経営者の友人が、海外のワイナリーに視察に行ったとき、彼自身、経営者として日本酒製造にも関わり、技術的な話に詳しいことに対して、「経営者が自分で酒をつくるのか」とビックリされたという話をしていました。

清酒がワインに比べると技術志向の商品になっていった理由には、技術を受け継ぐという世界観もあるのではないでしょうか。

理解されにくい麹菌の存在

その土地の気候や風土を大切にし、それを個性の拠り所とするワインのテロワールの考え方だと、発酵食品とは、その土地で育った農作物やその土地の水を使い、その土地の人々が生産するものだということが前提条件となります。

清酒とワインの発酵の世界観の違い

工業的世界観	農業的世界観
清酒	**ワイン**
杜氏	テロワール（土壌）
米・水・微生物の管理	セパージュ（ブドウ品種）
日本酒特性	ワイン特性
優れた原料米を購入	醸造家がブドウを栽培
原料の出来・不出来を杜氏の管理技術が吸収	原料の出来・不出来がそのまま反映される
変わらぬ味を守り続ける再現性が求めらえる	毎年の品質にブレがある（ビンテージ・当たり年）
採点が減点法	採点が加点法

※新潟大学日本酒学センター・岸保行准教授の資料を参考に作成

この考え方だと、当然ながら、微生物もその土地、少なくともその醸造所の建物に古くから住み着いている微生物を使うことが、ごく自然な発想になります。しかし、日本の醸造メーカーの大半が、私たちのような種麹メーカーから麹菌を購入しています。

第2章でお伝えした通り、麹菌は原料を分解するための酵素を生産する役割、酵母や乳酸菌は、その原料からアルコールや様々な風味の成分を生産する役割があります。つまり、人間の五感で判別がつく匂いや味などに直接影響を与えるのは、酵母や乳酸菌の役割で、麹菌の役割を人間の五感で感じることは大変難しいのです。

しかし、清酒づくりにおいては、その工程の重要度順に「一麹《いちこうじ》、二酛《にもと》、三造《さんつく》り」、醤油づくりにおいては「一麹、二櫂《にかい》、三火入れ」と呼ばれるほどに、日本の発酵食品は「麹」が重要です。

清酒や醤油づくりにおいて、酵母が変わると、匂いや味が劇的に変わります。清酒が好きな人であれば、ある程度、何の酵母を使っているか推定することが可能です。

一方、麹菌の違いは、最終商品ではわかりません。種麹メーカーの私も、できあがった清酒や味噌や醤油を味わって、当社の麹菌でできた発酵食品か、それとも他社の麹菌を使ってできた発酵食品かを判定することはできません。

しかし、麹づくりで、発酵食品の大きな方向性は決まってしまい、後戻りできません。

だからこそ、一番重要な工程とされています。

原料である米や水に注目するワインの立場から見ると、微生物を購入するという概念がわかりにくく、また、ソムリエという直接お客さんにサービスをする立場としては、麹菌による差は、直接、味覚に関係ないため、そこまで必要ではない知識とも判断されているのでしょう（麹菌はボトルへの表示義務もありません）。

しかし、微生物でさえ固定的な要因として、その品質を高めてきた日本の醸造文化の歴史、そして、「一麹、二酛、三造り」と、麹こそが最重要製造工程とされてきた歴史があり、それは、日本の「ものづくり」につながっています。

この歴史を踏まえた上で、そもそもの世界観の違い、アプローチの違いから説明ができると、発酵食品をきっかけに、より一層、海外の方とも深い会話ができるのではないでしょうか。

発酵とは微生物の環境を整えること

ここで、改めて発酵という現象について考えてみましょう。

「発酵」と「腐敗」は目的によって決まるというお話をしました。人間にとって有益な微生物が増殖して活動すれば「発酵」、害を与える微生物が増殖して活動すれば「腐敗」です。

さて、微生物が増殖するためには、栄養、温度、周囲のpHや様々な濃度、酸素の有無などのあらゆる条件が整っていることが必要です。

微生物にとって、それぞれに適切なコンフォートゾーンとなる温度や栄養の状態、周辺環境が存在します。人体に有害な微生物のコンフォートゾーンは大体同じです。それは、人間の体内の環境に近い環境条件です。具体的には、人体に近い30度台が活動しやすい温度帯の微生物が多くいます。

逆に言えば、有害な微生物が生きていられない環境であっても生きていける菌であれば、有害な微生物は増殖しないまま、その菌だけ生き延びることができます。これが、発酵に使われる菌だけを活動させ、そうでない菌は活動させないという「発酵」という作業の基本発想です。

また、発酵食品には乳酸菌を由来とする乳酸によって、少し酸性に傾くことで保存性を高めているものも多くあります。例えば焼酎は、麹菌の出すクエン酸によって全体が酸性になることで、不要な微生物の増殖を防いでいます。

微生物のコンフォートゾーンとなる条件には他にも、アルコールの濃度があります。多くの微生物はアルコールがある環境では生きていけません。しかし、アルコールを生む酵母は当然アルコールがある環境でも生きていけるので、彼らが生き残り、他の微生物は活動できない、ということになります。

温度も、微生物をコントロールするファクターとして挙げられます。日本酒をはじめ、多くの発酵食品は冬の低温で発酵を進ませますが、これは、冬の低温でも活動できる微生物が少ない一方で、発酵に使われる菌は活動できることから、冬に仕込みが行われることが多いのです。

逆に、人間の体温である36度に近く、また人間の体内のように湿度が高い環境は、人体に有益な微生物も有害な微生物も活動を活発にします。30度を超えてジメジメしているような環境、つまり、日本の梅雨時から夏にかけての時期の環境は、人間の体内の環境に近いからこそ、様々な微生物が増えやすく、食中毒に気をつける時期なわけです。当然、発酵食品づくりにも、神経を使う季節になります。

発酵に使いたい微生物と、増殖しては困る微生物のコンフォートゾーンが、かなり重なってしまうという状況があります。

典型的なのは、麹をつくるときで、つくり方によっては、麹は作成中に40度を超えることもあるのですが、これは納豆菌が好きなゾーンとも重なります。

このような場合、「そもそも発酵する環境に他の微生物を存在させない、侵入をブロック」するようにします。酒蔵や味噌蔵などを見学するとき「納豆を食べてこないでください」という注意をされることがありますが、これは「発酵のエリアに納豆菌を侵入させない」ためなのです。

とにもかくにも、発酵とは様々な操作を通して、「狙った微生物が活動しやすい環境を整えること」でもあるわけです。

グローバルな発酵食品とローカルな発酵食品

発酵デザイナーの小倉ヒラクさんは『発酵文化人類学―微生物から見た社会のカタチ』(木楽舎)の中で、ビールやパンなどグローバルでスタンダードな発酵食品と、地域に根ざしたローカルな発酵食品があるとしています。

世界と日本の発酵の違いとして、単一の微生物を使うのか、複数の微生物を使うのか、という点をこれまでも紹介してきました。複数の微生物が同時に発酵活動を行うことを「並行複発酵」と呼びますが、この「並行複発酵」のマネジメントこそが、日本の発酵の特色です。

西洋由来の発酵食品であるパンやビール、ワインは世界に広まり、世界各国でワイナリーやビール醸造所、パン工場ができ、各地の食生活にしっかり根付いています。

一方、カビの発酵食品は、世界に広まっているものはあまり多くはありません。醤油が世界に広まっているのはすごいことですが、日本や中国のメーカーによる商品がほとんどです。ヨーロッパやアメリカにおいて、日本や中国などアジアに由来しないその国出身の独自の醤油製造業者がいて、その業者のつくった醤油が市場を席巻するという状況には至っていません。

それに対して、ワインやビールは、日本においては日本人がワイナリーを起こしたり、4大ビール会社のような大規模なメーカーから個人規模のクラフトビール醸造所まで様々あります。パンも同様です。

では、なぜ、ワインやビールやパンは世界に広まったのでしょうか。それは、ワインやビール、パンなどは、微生物的には酵母だけを使っているのも理由の1つでしょう。複数の微生物を使うカビの文化圏と違い、管理すべき微生物が酵母だけなので、発酵の操作は相対的にシンプルになります。シンプルであるということは、再現しやすいということ。そのため、パンやビールの発祥の地から遠く離れても、完全に同じではなくとも似たようなものを再現するハードルは、カビ、酵母、乳酸菌と3種類も微生物を使わなければいけない日本的な発酵食品に比べれば、相対的に低いものであったと言えます。

シンプルであるということは、製造方法の移出がしやすいだけでなく、大規模化にも向いています。大規模につくることができれば、それだけ一気に生産して、安く、大量に流通させることができます。

一方で、複数の微生物を用いて複雑な発酵管理を必要とする味噌や醤油、清酒などの発酵食品は、当時の科学技術ではビールやワイン、パンほどの大規模化が難しかった代わりに、地域や蔵元などに代々伝わる製法や技術を磨いていくことになったわけです。

東洋と西洋の考え方の違いと発酵

ここまで、微生物や気候的な観点から、発酵を東西に分けて整理してきました。別の観点からも見ていきましょう。

リチャード・E・ニスベット著『木を見る西洋人　森を見る東洋人』（ダイヤモンド社）の訳者・村本由紀子さんのあとがきによるとこの本では、「東洋人のものの見方や考え方は『包括的』であり、西洋人のそれは『分析的』である」としています。そして、「包括的思考とは、人や物といった対象を認識し理解するに際して、その対象を取り巻く『場』全体に注意を払い、対象とさまざまな場の要素との関係を重視する考え方」とし、「分析的思考とは、何よりも対象そのものの属性に注意を向け、カテゴリーに分類することによって、対象を理解しようとする考え方」であると述べています。

つまり、東洋人は「森全体を見渡す」思考、西洋人は「大木を見つめる」思考の様式を持っているということです。

この思考は、発酵にもつながっています。

例えば日本では、麹菌が酵素を生産し、その酵素で原料が分解され、分解された原料を乳酸菌が食べることで乳酸がつくられ、つくられた乳酸によって酵母が活躍できる環境が整い、酵母の活動によってアルコールや香りの成分が産出されます。そのような、それぞれの「微生物の関係性に注目した発酵の形式」は、まさに、東洋人の「森全体を見渡す」思考にフィットします。

対して、発酵に関与する微生物が1種類だけで、例えば、酵母の活動に注目して、いかに酵母を増殖させていくかに注目していく西洋の発酵の思考は、「木を見つめる」思考法と言えるでしょう。

西洋の発酵のように、「対象である微生物に直接手を下す」という発想はフードテック的な発想とも言えます。フードテックの事例として、第1章で、微生物を操作して狙った通りの物質を効率的に生産させようとする微生物工場の例を紹介しました。これは、まさに対象を直接いじりにいく西洋的な発酵観に基づく発想です。

発酵分野のフードテックにおいて、2023年の現状では、日本よりも欧米諸国のほうが先を行っている状況は、長年培ってきた発酵のコンセプトの違いも起因しているのではないかと感じます。

他の日本の文化と発酵の共通点

さて、ここで、他の日本文化と発酵の共通点をいくつか見ていきましょう。

「天の原ふりさけ見れば春日なる　三笠の山に出でし月かも」　阿倍仲麻呂

国語の教科書の常連であり、小倉百人一首にも採られている有名な短歌です。この短歌と発酵の共通点は何でしょうか。

それは、制限の中に、小さな宇宙や世界を再現しようとしていることです。

日本の発酵は、複数の微生物を用いて調和を図るというものでした。つまり、「発酵」というタンクの中に、複数の微生物を投入し、そこに小さな生態系（エコシステム）をつくり上げるという発想です。

短歌も、31文字という制限の中に時間や空間の広がりを詰め込みます。先ほどの阿倍仲麻呂の短歌は、遠い異国の中国にて月を見て、故郷の三笠の山を思い浮かべて詠んだ歌です。この31文字の中に、中国と日本、そして月という空間的な広大さや、遠い幼少期の思い出と今の自分という時間的な広がりを見事に詰め込んでいます。

あたかも、31文字という制限が発酵タンクという物理的な制限であり、その中で複数の微生物による生態系をつくるかのように、文字によって小さな世界をつくっているという構図が浮かび上がります。

このように、制限の中に小さな自然を再現し広がりを感じさせるという手法は、日本芸術が得意とするところです。

盆栽や箱庭なども、小さな鉢や箱という空間の中に自然を再現し、そこから雄大な広がりを感じさせる芸術です。茶室もそうです。茶室という限られた狭い空間の中に、軸や花、あるいは茶道具や提供する茶菓子などによって、その日に表現したい世界観をグッと濃縮させます。その世界を構成する要素として、招待する側である亭主や、招待される客人も取り込まれ、すべてが調和した、時間、空間が完成します。

「複数の要素の関係に着目する」

これは、日本文化を理解していくときに、軸になるコンセプトです。

発酵を通じてこのようなモノの見方に触れられるだけでなく、西洋との違いも感じることができます。ここから相互理解を深めたり、新しいアイデアを得たりすることができるのも、発酵の魅力の1つと言えるでしょう。

麹を食べ物にしたのは海外が先

実は、麹を料理の素材とみなす考え方は、この10年で急速に進化してきたものです。これまで麹は、あくまでも醸造工程の中で必要な酵素を生み出すものであり、醤油や清酒においては最終的には濾過され取り除かれてしまいます。味噌も、麹単体で食べるのではなく、塩や、大豆と混ぜて味噌に加工するための原料とみなされてきました。そのため、麹自体を食品とみなす発想はありませんでした。

今でも麹の教科書として醸造業界で使われている村上英也先生の『麴学』(日本醸造協会)という本があります。

そこに、良い醤油麹の鑑別、つまり、醤油製造に使われる麹の評価基準について書かれています。該当箇所を引用します。

醤油麹の鑑別について

①酵素類、特にたんぱく分解酵素類を多量に含んでいること
②次の諸味工程で活躍すべき有用微生物を適量含んでいること
③最終商品の品質劣化を招く雑菌類の少ない麴であること
④原料の消耗の少ない麴であること

(引用:『麴学』村上英也 編著)

ご覧の通り、「麹自体の美味しさ」という視点がないことがわかります。麹の出来というのは、単体で評価されるものではなく、あくまで醸造工程の中で役に立つかということが評価基準になっています。

「美味しい麹のつくり方」や「麹を料理に活かす方法」などについて注目されたのは、ごく最近で、まだまだ研究、発展途上なのです。

この分野は、むしろヨーロッパ地域のほうが先行しています。

コペンハーゲンのｎｏｍａの取り組みをまとめた『ノーマの発酵ガイド』（レネ・レゼピ、デイヴィッド・ジルバー著／ＫＡＤＯＫＡＷＡ）はシェフの間で世界的にベストセラーになりました。その中には、コーヒー豆で醤油をつくるなど、独創的なアイデアがちりばめられています。大豆と同じ「豆」であるヘーゼルナッツで味噌をつくる取り組みなども紹介されています。

当社にも、「麹を料理に活かす」相談がありました。その一例をご紹介しましょう。

左の写真は、塩麹の固形物をベースにした塩味のクラッカーの上に、空豆の味噌をベースにしたアイスクリームをのせ、ブルーベリーを麹で発酵させた粉をふりかけたものです。麹を単体で未知の食材とみなしたからこそ生まれた、旧来の醸造業界の中では、なかなか出ない発想です。

このように今、「麹を料理に活かす」取り組みが、少しずつ広がってきています。

麹をそのまま活かしたデザート

写真提供：デンマーク「Äge Aps」

海外はコンペティターかアンバサダーか

第1章でもご紹介しましたが、今ではパリ郊外に味噌メーカーが誕生しています。清酒メーカーに至っては、北米に酒造組合が成立し、私どもが把握しているだけでも30酒蔵がすでに存在します。現在も順調に増えており、そう遠くない将来、海外で清酒をつくる酒蔵は100を超えてくるでしょう。

さて、海外のこのような事業者は、日本の事業者にとって、日本の市場を脅かすコンペティター（競争者）でしょうか、それとも、日本の発酵食品を愛して、現地で広めてくれているアンバサダー（伝道者）でしょうか。

清酒に関しては、国税庁が「日本国内で製造したもの」しか、「日本酒」と名乗れないという制限をかけました。また、味噌も日本農林規格（ＪＡＳ規格）が定められ、製造方法や原料など、味噌と名乗るための条件を細かく定められることとなりました。

特に味噌においては、中国の豆板醤など、東アジア地域には豆を発酵させペースト状にした似た食品が多くあります。一つ一つは大変素晴らしい食品なのですが、そもそも、味噌や醤油は、中国の「醤」や「豉」から来ていることを考えると、このような食品に馴染みのない地域の人から見た場合には区別がつきにくく、全部を一緒くたに「Miso」として売られることもあるという現実があります。

味噌の定義の輪郭が緩むにつれて、比較的労働力が安い国や、資本力のある国によって、豆をペースト状にした調味料が一気に廉価な大量生産品として流れ込み、市場を席巻してしまうという恐れもあります。

日本の味噌を定義することによって、このような混同を防いで、日本の味噌が守られるという考えから味噌を名乗る条件が定められたのです。

一方で、ある食品が海外に進出するということは、その土地なりの製法によって新しい商品が再生産されるという側面もあります。代表的なものが、日本の寿司のフォーマットで、アボカドやエビを使い、マヨネーズで味付けしたカリフォルニアロールです。カリフォルニアロールを寿司と見るか、寿司ではないと見るか、はたまた寿司ではなく「Sushi」という別物だと見るか、意見は人それぞれでしょう。

味噌のJAS法では、必ず大豆を用いることとされていますが、例えば、ひよこ豆やレンズ豆を用いて大豆の味噌と同じようにつくった「味噌」はすでに存在します。

このようなイノベーティブな動きは、決して、味噌を廉価な原料で代用して市場を奪い取ろうとするようなものではなく、味噌に高い関心を持ったクリエイティブな人々の、創作意欲によって起きるイノベーションという側面があります。逆に、そこまで工夫をしてくれるような海外の方は、それだけ味噌の愛好家であり、ファンであるとも言えます。

他のアルコール飲料に置き換えれば、日本でも日本人が創業したワイナリーがあり、日本人が創業したクラフトビール工場があり、そして、それぞれの地名を冠した「○○ワイン」「○○ビール」があります。ワインやビールの文化を、それぞれの地域で広めています。しかし、本場フランスのワインや、ドイツのビールは、れっきとしたブランドとして今なお輝いています。むしろ、世界へ広がれば広がるほど、山の裾野が広いほど標高の高い山になるように、本場の価値もまた高まっていくのです。

清酒や味噌などが世界に広まれば、「カリフォルニア清酒」や「マドリード味噌」などが、生まれるかもしれません。そのとき、その清酒や味噌は、日本の清酒や味噌にとって市場を脅かすコンペティターになるか、それとも、発酵食品を広めてくれるアンバサダーになるか。その答えを注視して見守りたいと思います。

第5章

ビジネスパーソンが知っておきたい日本の発酵業界について

ビジネスパーソンが発酵業界について知っておく意義

発酵業界について知ることは、日本の中小企業や伝統産業について知ることにもつながります。

発酵業界は中小企業が多いため、発酵業界を通じて中小企業が大半を占める日本の産業構造への理解が深まるでしょう。

また、発酵業界に限らず、多くの日本の伝統産業もまた、現在、技術の継承と経営母体の継続が課題になっています。発酵業界を理解することは、他の伝統産業の理解にも大きく役立つはずです。

例えば、海外の人と会食をし、発酵食品、あるいは日本の文化の話題になったとき、食材との合わせ方などだけでなく、ビジネスパーソンとして、日本における発酵業界の位置付けや今後の展望、日本の社会において産業構造から理解していることは、より、深く高度な会話の助けになるはずです。

早速、まずは発酵食品が社会で求めれていることから、お話ししていきましょう。

発酵食品に求められること

発酵食品の価格帯は商品により大きく異なります。

例えば、高級ワインとして有名なロマネ・コンティなどは750㎖のボトルで1本数百万円以上しますが、スーパーの店頭に並んでいる醤油は同じ750㎖入りでも300〜400円程度、特売であれば300円を切ることもあるでしょう。300万円のワインと、300円の醤油では価格が1万倍も異なりますが、同じ発酵食品の液体です。

ここまで価格帯が大きく異なる理由は、発酵食品は醤油や味噌など身近な基礎調味料から清酒やワインなど高級なアルコール飲料まで幅広く商品があるからです。それぞれの発酵食品に求められるものは異なります。

特に基礎調味料については、毎日絶え間なく安定して供給されることが第一に求められます。仮に、首都圏で1000万人が毎日味噌汁を1杯飲むとします。味噌汁1杯に必要な味噌の量が1gだとすると、1日に必要な味噌の量は10tです。1年なら3600tの味噌をつくらなければいけません。この量を安定的に供給するには、一定程度に大規模な生産や流通、保存システムの整備が必要です。また、当然ながら求めやすい価格で供給されることが前提になります。

一方で、無農薬、有機、添加物不使用などの原材料や、地域に基づいた原料を使用するこだわり、また、「顔の見える生産者」という言葉に代表される造り手の磨き上げた技術や思い、ストーリーなど、商品が生まれる背景も発酵食品に求められます。また、特に嗜好品である清酒やワインなどには、これらのストーリーを背景に、高付加価値の商品も求められています。

発酵食品は「広くたくさんの人に安く供給する」ことを求められる基礎調味料を中心にした世界と、「厳選された原材料や造り手の思いなどの背景も含めたこだわりやストーリーによる高付加価値」を求められる世界が共存していると言えます。

さらにそこに、近年は健康志向の高まりにより、発酵食品には手作りで安全なイメージや、免疫力の向上や機能性など直接的な健康効果も求められるようになりました。「発酵食品」と一口に言っても、消費者から期待されていること、また、それに応える生産者の体制は、大きく異なる世界が広がっています。

中小企業が多い発酵業界

日本の発酵業界の特色として、中小企業が多いことが挙げられます。この中小企業の多さが、日本の発酵業界の強みであり弱みでもあります。

中小企業庁によれば、日本の企業の約３５８万社のうち、99・７%を占めるのが中小企業だそうです。発酵業界の強みと弱みには、日本の中小企業が抱える独特の構造と類似した問題が潜んでいます。この問題を知ることで、他の業界を含めた全体の構造、中小企業の経営についても深く理解することができることでしょう。

味噌や醤油は生活に身近な分、個別の商品の知名度は比較的高いです。お酒や味噌のコマーシャルを何か１つ思い出してくださいと言われれば、簡単に思い出せる方も多いのではないでしょうか。

日本酒専門ＷｅｂメディアＷ・SAKE Street の二戸浩平編集長は「広告宣伝にお金をかけられる清酒メーカーは多くない」と話します。

30万円程度の記事広告であっても、月間１００万円程度の予算がなければこの金額をすぐに支出するのは難しいでしょう。一般社団法人食品需給研究センターの統計では、食品製造業の売上高広告宣伝費率は0・4%前後です。仮に月間100万円、年間で1200万円の広告予算があるとすると、この比率から導く年商は30億円ということになります。

2017年の清酒出荷量統計と平均単価から各メーカーの清酒売上額を推計すると、この年商を上回る清酒メーカーは上位18社のみです。特にプッシュしたい商品があるケースなど、平均より多く広告宣伝費を支出可能な状況だとしても、30万円の記事広告出稿を前向きに検討できるのは上位50社程度ではないか、とのことです。

月30万円を広告にすぐ充てられる清酒メーカーは50社、これは、47都道府県に平均して1社のみという規模感です。

発酵業界の会社は、決して一つ一つのメーカーは大きくありません。例えば、味噌業界の大手3社の従業員数は、マルコメが475人、ハナマルキが290人、ひかり味噌が289人です。関連会社なども含めるとさらに多くなりますが、中小企業庁の定義による中小企業の条件は製造業では従業員300名以下のため、「大手」とは言え、マルコメ以外は中小企業となります。

同様に、清酒・焼酎業界の上位3社のうち、個別の従業員数が公表されている白鶴酒造が391人、月桂冠が351人、焼酎業界では霧島酒造が615人、三和酒類が377人です。

一方、例えば同じ食品業界でも、チョコレートの明治の従業員数は1万人超、味の素も3000人超、また、カップラーメンの日清食品も7000人超です。このことから、発酵食品業界は、知名度に対して意外と小規模であることがわかるかと思います（※従業員数はすべて2023年現在、公表されている数）。

また、日本の発酵技術はまだまだ世界の最先端を席巻できる状況にあるにもかかわらず、その多くが中小企業であるため、研究に投入できる人員や資金に限界があります。

現在、大手まで含めた食料品製造業における売上高に対する研究開発費の比率は1・2%、中小企業の多い発酵業界に絞るとその比率はさらに下がると予想されます。

一方で、世界の覇者を狙う発酵フードテックが10億、100億という単位で資金調達をし、その多くの金額を一気に研究開発費として投入しているというのが現状です。

日本の発酵業界はファミリーオーナー企業が多い

では、なぜ広告宣伝比率や研究比率の予算が他業種と比べて少ない傾向にあるのでしょうか。それには、醸造企業の多くは中小企業であると同時に、非上場のファミリーオーナー企業であることが理由として挙げられます。

ファミリーオーナー企業は、経営者とその親族が大多数の株を持っているため、「株主＝経営者」です。これには、良い面と悪い面が指摘されています。その具体的な内容については経営学の専門書に譲りますが、良い面としては、短期的な株主の意向に左右されず、中長期的な視点に立った経営ができるということです。

さて、企業が資金を調達するには、出資（エクイティ）と、融資（デット）の方法があります。出資による資金調達は、株式を渡す代わりに投資家から資金を提供してもらいます。メリットとしては借金ではないので返済の義務がないこと、デメリットとしては株式を渡すため経営に意見できる人が増え、経営の自由度が下がることです。

一方、融資による資金調達は金融機関などからお金を借りて、事業に必要な資金を調達します。メリットは経営の自由度を維持できること、デメリットは何より借りたお金は返済しなければならないことです。

中小企業は一般的に融資による調達が多いです。特にファミリーオーナー企業は、経営権を維持し続けるために、株式を発行し第三者が入ってくる可能性を避ける傾向にあります。融資によって事業資金を調達する意向が強くなり、返済計画を立てながら経営していくことになります。

そのため、出資で一気にお金を集めるベンチャー企業に比べると、どうしても、広告費や研究開発費などの支出が先行する事業予算には支出しづらくなります。

それでも近年では、出資で資金を調達する発酵ベンチャー企業が現れ始めました。また、既存の醸造メーカーでも、関連会社の形で投資家から出資を受けて、挑戦的な事業を行う会社も現れています。

ベンチャー企業の中でも、融資による調達で創業し、その分、自由度の高い経営を行っている酒蔵もあります。例としては、秋田のクラフト酒メーカーである稲とアガベは、数億円の融資を受けて創業していますが、酒の製造を中心に置きながら酒粕を利用したマヨネーズ調味料の製造販売や、酒とマリアージュを楽しむラーメン屋の開業など、挑戦的な事業を繰り広げています。

一方、ファミリーオーナー企業であることが、地域のメリットになっている側面もあります。

例えば、全国有数の進学校である兵庫県の灘高校は、地域の酒蔵である菊正宗酒造、櫻正宗、白鶴酒造が出資し合って設立しました。また、山形の出羽桜酒造は地域の観光資源であり文化を支える美術館を運営しています。他にも、各地域で何世代も継続している醸造メーカーが地域のために有形無形の形で貢献している例は数えきれません。

そして何より中長期的な目線に立てば、醸造メーカーの経営資源は地域の自然環境であり、地域社会にあります。地域の自然環境を守り、地域の人々の暮らしに貢献していくことが、継続的な企業運営につながるのです。

また、広告や研究開発費が相対的に少ない理由として、広告費については、すでに中長期的な関係が顧客や地域と結ばれているため、新たに知名度を獲得するためにコストを割く必要がないこと、技術も長年継続している醸造メーカーには一定の技術蓄積があり、新技術をゼロから開発するような必要がないことが挙げられます、技術に関しては、日々の技術をより磨き上げる方向に向くという性質もあります。

一気に予算を投入するような広告マーケティングや研究開発ではなく、長期的に、コツコツと積み上げていくようなスタイルが、醸造メーカーの経営スタイルなのです。

発酵業界への新規参入

日本で、発酵業界に醸造メーカーとして新規参入する場合、味噌や醤油などは通常の食品工場と同じく、特に許可が必要ではないので、通常の食品工場などと同じく、保健所などの手続きを踏むことにより開業することができます。

近年は、Instagramなどで発信し、ＢＡＳＥなどのショッピングカートシステムを使って個人の味噌や甘酒などを通信販売される方も増えてきました。

一方、清酒については、製造にあたり免許が必要ですが、現在のところ新規の免許が下りることはほぼ考えにくく、日本国内で清酒をつくりたい場合には、製造免許を持つ既存の酒蔵の経営に何らかの形で関わるしか方法がありません。

最近では、跡継ぎの不在などにより廃業を検討している既存の酒蔵の免許をＭ＆Ａする形での開業も何件か現れるようになりました。

ただし、例外的に２０２１年より、「日本酒」の輸出拡大に向けた取り組み等を後押しする観点から、海外だけに販売する場合に限り、清酒製造の免許が新規に発行されることになりました。これを「輸出用清酒製造免許」と言い、福島県の会社が第一号の交付を受けました。

また、清酒は米と米麹と水だけでつくられたものと定義されているため、例えば果汁やハーブなどを混ぜることにより、清酒でないアルコール飲料であれば、国内でも製造販売することが可能です。

酒税法上は雑酒という扱いになりますが、この雑酒という免許は比較的取得しやすく、近年の「クラフトサケ」と呼ばれるメーカーが製造する商品は、この雑酒の範囲として製造販売されています。また、免許はあくまで国内に限った話なので、海外ではその国の法律に従って清酒の製造所を開設することができます。

では、そもそも、なぜ清酒は新規免許が発行されないのでしょうか。

原則的には、清酒の需要が落ち込んでいるため、需要に対して供給が多すぎると、清酒の値崩れが生じ、結果として清酒業界がダメージを受けることを恐れています。

この場合に想定されるのは、大規模なプラントの建設能力を持ち、スーパーやコンビニなどにも流通チャネルを押さえている大手飲料メーカーの参入です。そのようなメーカーが参入してきた場合、清酒の廉価販売が一層進むことが懸念されます。

その一方で、清酒の新規参入免許の交付を望む声も当然多くあります。特に、若くて清酒に高い関心と熱い情熱を持ち参入してくるベンチャースピリッツに溢れた人や彼・彼女らを応援する人にとっては、新規参入の抑制は、意欲のある事業者から挑戦機会を奪っているように感じるかもしれません。

また、新規参入者が清酒のマーケットを拡大したり、清酒に好ましいイノベーションを起こすことを阻害しているようにも見えるでしょう。

年間の製造数量の制限や外資参入比率に一定の制限を定めるという方法をとることもできますが、数量に制限をかけることは成長の機会を止めることにもなります。また、外資参入比率を定めることも、経済活動の自由という点から、整理が難しい議論です。

業界外からの大資本の参入により清酒が廉価品になってしまう恐れと、新規参入が抑制されることで清酒にイノベーションが起きマーケットが広がる機会や技術革新が活性化する機会を失くす恐れ、どちらがより日本の文化の発展、経済の成長にとってリスクかは、一概には言えないでしょう。

発酵食品の発展に寄与してきた既存メーカーの役割

続けて、既存の発酵食品メーカーについてお話ししましょう。

モノが広く安く供給されることに関しては、機械化、大量生産などが、ともするとネガティブにも受け取られがちです。しかし、このようなメーカーがあるからこそ、私たちは生活に必要な物資を、不便を感じることなく手に入れることができます。

また、日本ではコンビニやスーパーで発酵食品を買うとき、私たちが品質の心配をすることはほぼありません。変な匂いがする味噌や、傷んだ醤油が売られていることは、現代ではほぼないといって良いでしょう。

もちろん、食品添加物などの問題はあります。しかし、それ以上に、製造方法の研究、衛生管理、流通管理の技術発達の積み重ねがあるからこそ、発酵食品に求められる味や保存方法の知見が業界として蓄積されています。

味噌や醤油などの調味料や低価格のアルコール類は、もはや水や電気と同じインフラレベルで簡単に手に入りますし、簡単に手に入らなくてはいけないものになっています。

モノが十分に行き渡らない時代からの先人の努力や積み重ねの背景には、「もはやインフラとなった基礎的な日用品をしっかりと供給する」ことへの、技術者や経営者の社会責任が見えます。それは今も続いており、インフラとしての食料供給を守り続ける大手メーカーの研究や製造に携わる人の生産への努力は計り知れないものがあります。

わかりやすい「顔の見える生産者」だけでなく、地域に安定した供給を担うメーカーの工場で、毎日定刻に出社して、毎日同じ作業を繰り返して、基礎調味料の供給というインフラを守っているような人にも「生産者」としてスポットが当たるような社会になれば、業界全体がさらに大きく発展していくと考えます。

「発酵」と「組織論」の共通性

本章の最後に、発酵を「組織論」の視点から眺めてみましょう。

発酵とは、「微生物の活動によって物質が変化すること」とお伝えしてきました。

何度もお伝えしているように、人間は、微生物が生きやすい環境を整えることしかできません。

以前、味噌メーカーの方が、「人間は、麹と、水と、塩を混ぜることしかできない、混ぜたものを味噌に変えるのは微生物にしかできない」とおっしゃっていたことがあります。多くの醸造メーカーの方は、「酵母など微生物が、活動しやすい環境を整える」という表現をします。

私も代々「麹菌の声を聴け」と言われてきました。麹菌は暑いとも寒いとも声に出して言いません。しかし、麹菌をよく観察すること、時には実際に触ってみる作業を通じて、麹菌が暑いと思っていないか、あるいは、寒いと思っていないか、ジメジメしすぎだと思っていないか、乾燥しすぎだと思っていないか、そんな声なき声に耳を傾けながら、麹室と呼ばれる、麹がある部屋の温度と湿度をコントロールして環境を整えてあげるのです。これが、人間が発酵させるためにできる唯一のことです。あとは、「これだけ環境を整えたのだから」と、微生物たちを信じてその活動に任せるしかありません。

「人間に発酵食品はつくれない」のです。

さて、私はこの「環境を整える」という感覚は、組織マネジメントにも通じると考えています。リーダーである自分にできないことを、プレイヤーに任せる、その成果を信じて待つというのは、発酵食品づくりで養える感覚と同じです。

それぞれの微生物たちは、「自分たちが味噌をつくろう」と思って活動しているわけではありません。思いのまま勝手に活動していて、その「勝手な活動の結果の集合」が、結果として人間にとっての発酵食品になっているわけです。

微生物たちの勝手な活動が、実は、自然と環境のコントロールになっていたり、それぞれに栄養を補給する関係になっていたりします。まるで、チームワークがそこにあらかじめ存在していたかのような動きをします。これが、日本の発酵食品づくりの魅力です。

この動きは、チームマネジメントのために大いに学ぶところがあります。

あくまで個々のメンバーは自分のために動くのですが、それを足し合わせることによって、チームにとって望ましい結果が自然と生まれるマネジメントは、多様性の時代に相応しいマネジメント方法ではないでしょうか。

そう、言うなれば命令で動かすのではなく、環境を整えて動いてもらうマネジメントスタイルです。個々のメンバーに対して、上意下達で「この目的のために、あれをしなさい、これをしなさい」と命令をして組織を動かしていくマネジメントがあるとしたら、発酵に学ぶマネジメントは、「個々のメンバーの自由な行動を調和・統合することによって、チームの成果につなげる」タイプのマネジメントと言えます。

ＶＵＣＡ（Volatility／変動性、Uncertainty／不確実性、Complexity／複雑性、Ambiguity／曖昧性）と呼ばれる答えのない不確実な時代の中で、それぞれに個性のある多様な個人の集団を率いなければならない現代のリーダーは、自分が精通していない分野、自分ができない分野の人材も活躍させなければいけません。

一人の人間がすべての分野に精通することは不可能でしょう。すなわち、「名プレイヤー＝名監督」という図式は成り立ちません。自分にできないことは、誰かに任せるしかないのです。

マネジメントの一歩目、「自分にできないことを信じて任せる」という感覚は、できあがりを微生物に任せるしかない、発酵食品づくりからも養える感覚です。

第6章

発酵を生活に取り入れる

発酵食品の効果

最後の章では、発酵を様々な形で生活に取り入れる方法をご紹介しましょう。

最も簡単に発酵食品を生活に取り入れる方法は、発酵食品を食べることです。

発酵食品には様々な効果が期待できますが、その効果を「文化的効果」「周辺環境効果」「機能性効果」の3つの視点から見ていきましょう。

文化的効果

「文化的効果」とは、発酵食品を食べようとすることで、その由来や、つくり方など、食べ物に関連した知識が増えていく効果を指します。また、発酵食品は漬物など一人前ではなく、何人分かを一気につくることがあるため、必然的に親しい人などに分けたり一緒に食べるなど、人的交流にもつながります。

周辺環境効果

「周辺環境効果」とは、食事環境に与える効果です。味噌を食べようとすると、必然的に味噌汁や味噌煮などの形で野菜や魚介類など他の具材も摂取するようになり、自然と栄養バランスが整う方向に向かいます。また、発酵食品の多くは保存性にも優れているため、食料備蓄の一環にもなります。

機能性効果

「機能性効果」とは、発酵食品そのものの機能が与える効果です。発酵食品に含まれるタンパク質、脂質、ビタミン、ミネラルなどの基本的な栄養素、あるいは発酵食品の摂取により菌体や菌体から放出された成分が、身体の調整機能に良い効果を与えます。

このように、発酵食品を食べることで得られる効果は多くあります。

「プロバイオティクス」と「プレバイオティクス」

発酵食品が身体に良い理由が、「酵素を摂取すること」、あるいは「微生物を生で摂取すること」にあると思われている方が多いようです。

酵素の摂取については、第2章でお話ししましたので、ここでは「微生物を生で摂取すること」について解説します。

近年、腸内フローラや菌活などという言葉が流行り、微生物が人間の腸に与える影響について様々な情報が溢れています。一つ一つについてしっかりとエビデンスがあるものもあれば、疑わしい説明もあります。広告などを見て一般消費者がその説明の真偽を見抜くのは大変難しいでしょう。

乳酸菌飲料の優れたマーケティングにより、「微生物が生きて届く」というイメージが広く一般に共有されています。実際、その会社の製造する乳酸菌飲料は、乳酸菌が生きて届くものですし、また、生きて届くことに意味がある商品で、その商品が広く流通していることは大変敬意を持つところです。

ですが、そのイメージがあまりに強いこともあってか、食べた後に胃で消化されて、生きて腸までは届かない微生物（麹菌など）も、生きたまま摂取する必要があるような誤解が広まっているのも事実です。

微生物が生きたまま腸内に届いて機能性を発揮することを「プロバイオティクス」と言います。ビフィズス菌などの乳酸菌、納豆菌など、途中で消化されず人間に対して有益な効果が発揮できるまとまった量が腸に届くタイプの菌です。

一方､腸で活動する微生物の餌になって､腸内の微生物を助けることを「プレバイオティクス」と呼びます。

オリゴ糖などは腸内の微生物の餌となり、微生物の活動を活溌にします。発酵食品中の微生物そのものは死んでしまっていても、微生物が生産した物質や、あるいは、微生物の菌体そのものが他の微生物にとっては栄養となるケースは多くあります｡このような場合、微生物を生きたまま摂取する必要はありません。

発酵食品に存在する麹菌は、そのままでは胃酸で溶けると考えられています。

胃酸はpH１という極めて強い酸です（pHは数字が小さいほど強力な酸）。学生時代、理科の実験で塩酸や硫酸などを使ったことがあるかもしれませんが､同じくらい強い酸です｡もし、胃酸が薬品として市販されていたら、間違いなく取り扱いに資格がいることでしょう。人間は、そんな強力な薬品を体内で分泌しているのです。

この強力な酸を生きて通過できる微生物はごく一部です。残念ながら、生きた麹菌を摂取したとしても、酸により胃の中であえなく死んでしまいます。

麹菌などは、生きたまま摂る必要はないのです。

味噌汁の美味しい温度

近年、「酵素が働かなくなったり、麹菌が死ぬから、味噌汁は温めてはいけないんですよね?」という質問をよく受けます。しかし、すでにお伝えしたように、酵素や麹菌を生きたまま摂取する必要はありません。安心して加熱して食べてほしいですし、加熱したほうが美味しい味噌汁になります。

結論から言えば、味噌汁が最も美味しくなる、香りがしっかり立つのは75度前後です。食べるときに75度前後にするには95度程度で火を止めると、お椀によそって食べるときにちょうど75度前後になります。

味噌汁を加熱して表面が少しぐらっと揺らぎ始めた沸騰する直前のタイミングが95度です。このタイミングのことを「煮えばな」と言います。完全に沸騰すると、お味噌の中の香りの成分が飛び始めてしまいます。また、沸騰させすぎると、味噌が凝縮し始めて舌触りが悪くなります。

とは言うものの、そもそも味噌を使った料理はつくり方が自由な食材です。

味噌汁をグツグツ煮てはいけないと言いますが、名古屋の味噌煮込みうどんや、味噌で煮込む味噌煮という料理がありますし、また、京都の西京味噌は、ひと煮立ちさせてとろみをつけます。

料理研究家の土井善晴先生は「具を煮込むうちに煮汁が少なくなってしまうこともありますが、味噌汁から味噌煮込みに、また味噌煮という煮物に変わってゆく」と、汁物と煮物の関係を説明されています（『一汁一菜でよいという提案』新潮文庫）。

味噌汁は不思議な汁物で、牛、豚、鳥、どんな肉を入れても具として成立しますし、肉だけでなく、魚や貝など、大抵のタンパク質源を具として成立させます。

チーズを入れても美味しいです。味噌とチーズの組み合わせは絶妙です。

野菜も、昔から日本にあるゴボウ、ニンジン、ダイコンなどだけでなく、ズッキーニやトマトなどの、近代に入って日本に入ってきた野菜も味噌汁の具として成り立ちます。

味噌汁に関しては、「こうしなくてはいけない」という固定観念にとらわれず、様々な味噌汁、そして、時には味噌煮込みや味噌煮を楽しんでほしいと思います。

正しい発酵食品の食べ方はない

仕事柄、「正しい発酵食品の食べ方を教えてほしい」「本物の発酵食品が食べたいので教えてほしい」と尋ねられることがあります。

結論からお話しすると、「正しい発酵食品の食べ方」「本物の発酵食品」というものは存在しません。

例えば、「発酵食品には物質Aが含まれており、その物質Aには○○な効果があります」というような説明があったとします。その効果のために発酵食品を食べるとしたら、それは見方を変えれば、発酵食品を食べるのではなく物質Aを食べることが目的になっている状況です。すると、「物質Aの効果を最大化する食べ方」が「正しい食べ方」になるでしょう。

「物質Aの効果を最大化する」が目的になってしまうと、効果を発揮するための温度や、食べるタイミング、食べ合わせなどの話が出てきます。そう、まるで、「発酵食品」が「薬」のようになってしまうのです。

病院で処方される薬は、その効果を最大限に発揮するため、「正しい用法・用量」が定められています。食前、食間、食後などの服用のタイミング、また、「グレープフルーツと一緒に服用しないでください」「服用後アルコールはお控えください」などの注意などです。

同じ感覚で「発酵食品には正しい食べ方が存在するのではないか?」と考えてしまうの

でしょう。

本来たくさんあるはずの「発酵食品を食べる目的」が、「物質Aの摂取」のように絞り込まれてしまうことは、「発酵食品の医薬品化」と言えます。

発酵食品を取り入れた食生活は、健康に良いものです。ただし、行き過ぎた「発酵食品の医薬品化」には、少し危惧するところがあります。

私は、「発酵食品を食べる」ことが目的であれば、発酵食品を料理する喜び、一緒に食べる人と会話する喜び、大豆や麦や米の生産者に思いを馳せる心の豊かさといったことも含有され、全体として「食べて幸せ」だとなれば、それで、「発酵食品を食べる目的」は達成されると考えます。

発酵食品を食べよう

現代の日本において、発酵食品を食べないで1日を過ごすことはとても難しいです。

以前、醤油ソムリエの黒島慶子さんが、「ハンバーガーだって、パンは発酵食品だし、チーズやピクルスも発酵食品、ケチャップに入っているお酢も発酵食品」とおっしゃっていました。そこにヨーグルトのシェイクも付ければ、完ぺきな発酵食品祭りになります。

居酒屋のメニューを考えてみましょう。
ナスの浅漬け、キュウリの一本漬けなどは、言わずもがな発酵食品です。もちろん、清酒に焼酎、ビール、ワインなどのアルコールも発酵でつくられています。サラダを頼めばドレッシングにはお酢が入っていることがほとんどです。刺身は醤油で食べる人がほとんどでしょうし、味噌の煮物も味噌だけでなく、出汁が鰹節で引いてある場合もあります。締めのラーメンも、醤油ラーメンであれ味噌ラーメンであれ、これらにも発酵食品が使われています。

このように、若干、不摂生な生活をしたとしても、私たちは発酵食品から逃れることはできません。肩に力を入れて「発酵食品を摂ろう！」と思わなくても、現代の日本では嫌でも摂取してしまうのが発酵食品なのです。

しかし、せっかく食べるなら、楽しく、美味しくいただきたいものです。

発酵食品を食べる楽しみの1つは、「つくる」と「食べる」の境界が曖昧なことでしょう。サラダは素材をお皿に盛った時点では完成しておらず、そこにドレッシングをかけることで完成します。刺身もそうです。多くの場合、食べる人自身が醤油をかけることで成立します。

また、漬物も浅漬けであれば一晩あればできあがりますし、味噌汁も、料理にかけられる時間によって出汁からつくるも良し、インスタントでつくるも良しです。それぞれのライフスタイルに合わせて、使いやすいものを選べばそれでOKです。

発酵食品を意識して食べたい場合は、まずは常備菜として日持ちの良い漬物などを一品、また、調味料として味噌や醤油などを数種類用意して、使い分けてみることから始めてみると良いでしょう。

正しい組み合わせなどないので、気にする必要はありません。「この野菜はこっちの味噌でつくったほうが自分の口に合うな」「生の魚はこっちの醤油が良いけど、炒め物にひと味足すならこっちの醤油だな」と、いろいろ試してみましょう。

この試行錯誤の余地の大きさが発酵食品の魅力です。味噌や醤油を混ぜて自分なりのレシピを考案するのもクリエイティブな食べ方です。

現代のビジネスパーソンが麹をつくる意味

より発酵食品の魅力に触れたい場合は、実際に発酵食品をつくって楽しみましょう。

初心者には、手作り味噌や手作り麹、手作り甘酒などが良いでしょう。

ビジネスパーソンである読者の方々にもおすすめです。

現代のビジネスパーソンが発酵食品をつくる意味はどこにあるのでしょうか？

もちろん、手作りの発酵食品を自宅で食べられるようになること自体にも意味はあるでしょう。また、発酵食品づくりとは、微生物を育てていくことでもあります。私たちが主催するワークショップでも、麹を実際につくられた人から、「麹がペットのように思えてきた」という感想をいただくことがあります。何かものをつくるという行為自体が大変クリエイティブであり、創造性を刺激します。

さらに、近年ビジネスパーソンの間で、瞑想から発展したマインドフルネスが注目されていますが、発酵食品づくりがマインドフルネスになると言っても過言ではないのです。

マインドフルネスとは、過去の雑念にとらわれず、身体の五感から知覚することに意識を集中させて、今、ここの状態に目を向けている状態のことです。

このマインドフルネスの状態になることで、ストレスの軽減や、集中力アップによる生産性の向上など、様々な効果を得ることができます。

マインドフルネスは、世界の大企業が社員研修や福利厚生として取り入れています。Google社や世界的なコンサルティング企業のゴールドマン・サックス社、またアップル社のスティーブ＝ジョブズも取り入れていたと言われています。

五感を使って今ここに意識を集中させるという作業は、まさに、麹づくりの作業と共通します。

多くのビジネスパーソンは普段五感のうち、主に使っているのは視覚と聴覚のみです。

一方、食品工場などでの仕事では、例えばフォークリフトを運転するときにはペダルを踏み込む圧力の感覚を使いますし、部屋の温度や湿度といった皮膚の触覚からの情報も重要です。食品であれば当然、味覚、嗅覚も使います（例えば、麹に十分な酸素が行き渡らないときは、酸欠臭という独特の匂いがします）。

また、麹を直接触ることは、何より皮膚の触覚に刺激を与える行為です。

江戸時代の種麹のつくり方が書かれた『近江屋吉左衛門家文書』によると、蒸した米の冷まし加減を、大熱、強熱、中熱、和熱、少熱、微熱、大暖、平強暖、平暖、平和暖、中平暖、中暖、中和暖、中少暖、少中暖、少暖、少和暖、少少暖、微冷少暖、無冷無暖、微冷無暖、冷と、22段階に分けています。

一番熱い状態が70度前後、冷めている状態は20度前後と推定されるので、昔の種麹づくりの職人は平均2度程度の間隔で温度を判定する感度があったことになります。現代のような温度計やセンサーのない時代に麹づくりができたことを不思議に思う方も多いのですが、このような能力が人間には備わっているわけです。

「微生物の声を聴く」

目の前の麹菌がどのような状態にあるのか、熱くはないか、冷たくはないか、乾きすぎていないか、湿度は十分か、五感を使って目の前の麹菌の生育過程に集中することで、このような感覚器の力を取り戻すことができます。

今、この状況に集中して、日頃のストレスを軽減し、集中力を取り戻す麹づくりは、ビジネスパーソンのマインドフルネスのトレーニングとして、非常に理にかなっていると言えるでしょう。

すでにお伝えした通り、発酵という作業において、人間ができることは環境を整えることだけです。あとは微生物の活躍に任せるしかありません。

発酵と組織論の共通性についてはすでに触れました。今、指示命令型の旧来的なリーダーシップではなく、多様な人材が自分の力を最大限に発揮して活躍できる環境を整えていくリーダーシップ、サーバントリーダーシップが注目されています。このサーバントリーダーシップを擬似的に体験できるのが発酵食品づくりです。

麹菌や酵母などの微生物がしっかり活躍できるように、温度や湿度をコントロールする。

そこまでいったら、あとは微生物を信じて任せる。数日、数カ月かかる発酵食品であれば、夜、寝ている間にも彼らは働いてくれます。

しかも微生物は、人間と違い、口や文字で指示を出すことができません。「はい、乳酸菌さん、今からpHを1、下げてください」と指示書を発行して命令して動いてもらうことはできないのです。

動いてもらう環境を整備して、自分ではない誰かに動いてもらいプロジェクトを達成する。そんな、現代的なリーダーシップを体感できることも、発酵の魅力だと私は思います。

本書の巻末に、自宅でつくれる「麹のつくり方」を添付しました。

ぜひ、ご家庭で麹づくりに挑戦してみてください。

発酵食品づくりにおける心構え

発酵食品づくりにおいて大切なのは、心構えです。

テレビなどでは、ストップウォッチなどで秒単位で計って米に水を吸わせているシーンが流れることがあります。そのため、発酵食品づくりはとても難しく、また、正解のあるものだと思っている方は多いかもしれません。

ですが、コンテストで入賞を狙うようなお酒をつくったり、商品として製造して消費者から一定の品質の維持を求められているような状況の麹づくりと、家庭の範囲で趣味としてつくる麹づくりでは、目的も、「ゆるさ」も異なります。

麹の歴史の部分でも触れましたが、日本ではすでに奈良時代には麹の原型ができていました。逆に言えば、その頃の技術でもつくれるのが麹です。0・1度刻みの温度計などなくても、何か特別な器具などなくても、つくることができるということです。


家庭でつくる麹は、正確さや再現性を競うようなものでなくても良いです。

そのときに入手できた米や、麦や、豆の出来具合に仕上がりが左右されるのが当然ですし、「これが今年の米なのね」と、その変化を受け入れて、原料の出来・不出来やそのときの状況の変化を技術で吸収して一定の品質の幅に収める「工業的世界観」でつくる発酵食品づくりと、当たり年があったり原料の変化がそのまま結果の変化に影響しても、むしろ、結果が毎回変わることを楽しむような「農業的世界観」でつくる発酵食品づくり、どちらを楽しむかを選んでつくるのも良いでしょう。

シンプルに言えば、「目指す結果を得たいから、計画的に進めたい」か、「偶然起きる予期せぬ結果に出会いたいから、計画せずにいろいろ試したい」か、自分の性格に合わせて取り組むことができます。

今はウェブで検索すれば、様々な発酵食品づくり、麹づくりのアドバイスが溢れています。家庭で自分が食べるためにつくる麹であれば、自由にクリエイティブにつくることができます。

材料も、米や麦や豆にこだわる必要はありません。ぜひ、身近にある穀物や野菜を使ってみてください。

発酵食品を贈って楽しむ

発酵食品の関わり方として、贈り物として楽しむという楽しみ方もあります。

特にアルコールは、いわゆる「ハレ」の日に飲む飲み物として昔から重宝されてきました。ここでは、清酒を例に、贈答の際のポイントを紹介します。

清酒の場合は、何でも相談できる身近な小売店があると良いでしょう。人口10万人程度の地方都市であれば、品揃えが良く知識のある清酒小売店さんがあるはずです。

選ぶ際のポイントは、いくつかあります。次の3点をイメージした上で、実際に相談しながら選ぶと良いでしょう。

①価格

価格のイメージをしておきましょう。

清酒の場合は包装代が別途かかることもあります。また贈答品全般と同じく、送料などがかかることも踏まえて、予算感を決めておきましょう。

ちょっとした手土産に向く1000~2000円程度の価格帯から、1万円を超す特別な贈答まで、一般的な贈答品と同様の価格帯を参考にしてください。

ビジネスシーンにおいては、地域や業界などにより相場観は違いますが、上棟式や開店祝いなどは数千円ほど、特別な関係があり特に相手を喜ばせたい場合は5000円前後のものが多く選ばれます。

②贈り相手のライフスタイル

一般的な食品の贈答と同じく、相手のライフスタイルに配慮したプレゼントだと、より一層喜ばれます。ご家族もお酒が好きな場合は、家族で一緒に飲むこともあるでしょう。

また、ビジネスであれば相手先の職場の食事会などで飲まれるかもしれません。

また、清酒はサイズのバラエティに富んでいます。150㎖の小ぶりなものから、1.8ℓのいわゆる一升瓶まであります。

清酒によっては、常温保管が可能なものと冷蔵保管が必要なものがあります。冷蔵品を贈る場合は、相手先の家族構成などから、冷蔵庫のサイズを推定して相手にとって負担のないものにすると良いでしょう。

ホームパーティーやお花見、バーベキューなど、持っていった先ですぐに飲むことが想定される場合は、人数や、どんな人が集まる会か、そこで提供される料理はどんなものなのかも、その場面や料理に合うお酒を提供するにあたって有益なヒントになります。

清酒は比較的温度帯を選ばないアルコールですが、例えば、バーベキューなど野外で飲むケースでは、冷やして飲んだほうが美味しいものなどは移動時間や保管状況も考慮した上で選ぶのが良いでしょう。

③相手の好みや贈る理由

清酒には、様々な銘柄があり、それぞれの銘柄に命名の意味とストーリーが込められています。

合格、出産、開業、お礼など、プレゼントには様々な理由があります。その贈答理由と、銘柄に込められたストーリーが一致すると、オリジナルの意味を持つ素敵なプレゼントになります。

またお酒の産地や、熟成酒であれば年度にこだわったり、開業祝いや新規事業祝であれば酒蔵が新しく挑戦した新ブランドで揃えてみたり、贈る相手の出身にちなんでみたりするのも素敵な選び方です。

もちろん、いちばん大切なのは相手の好みに合ったお酒であること。日頃一緒に食事や会食をする相手で、普段からどんなお酒を注文しているかがわかればベストですが、食事の味付けの好みなどを伝えるだけでも、お酒の販売員さんにとっては大きなヒントになります。

最近はアルコールに限らず、高級チーズや、贈答用の小ぶりでこだわりを持った高級ラインの醤油なども市場に登場しています。

その場合も、選び方のポイントは同じで、相手のライフスタイルや食の好みなどを元に専門店で相談すると良いでしょう。もし、お近くに直接訪れる専門店がない場合は、メールなどで相談できます。

特に、味噌や醤油など基礎調味料は、日常生活では、普段と違う種類の銘柄を選ぶ機会があまりない商品です。だからこそ、日頃は手にしないこだわりの味噌や醤油は、喜ばれるプレゼントの選択肢の1つになります。

また、良い味噌や醤油は、日頃使えるものであり、家庭の料理をグレードアップできるものです。保存期間も比較的長い商品なので、その点でもプレゼントとして最適ではないでしょうか。

海外の方へ送る場合は、その方の現地での食生活をイメージすると良いでしょう。

特に日常で使っていただきたい場合は、肉料理主体の食生活か、あるいは魚や野菜を中心とされているかという点を想像して、最適なものを選びましょう。

また、海外の方に清酒や醤油などを贈る場合は、普段使用する習慣がないとなかなか使い切ることが難しいので、小ぶりのものを多数詰め合わせるほうが喜ばれます。

関わりながら発酵に親しむ

本書の最後に、発酵で他人を巻き込み、関わりながら楽しむ方法についてご紹介しましょう。

1つは、第3章でもお話しした蔵見学です。

ぜひ、旅行先ではもちろん、何より皆さんが今住んでいる地域や出身地の醸造メーカーを訪ねてみてください。

一度訪れると、つくっている場面がより明確に想像できるようになります。また、つくっている人とも直接話して顔が思い浮かぶようになれば、自然と、そこでつくられている商品にも愛着が湧きますし、ひいては、その発酵食品を生んだ地域そのものへの愛着も増すことでしょう。

また、街づくりへの参画もおすすめです。20万人程度の商圏がある地域で、味噌や醤油や清酒、焼酎、漬物などの発酵食品が1つもない地域はありません。必ず、その地域に根ざした発酵食品、発酵食品を活かした食文化があります。

発酵を街づくりに活かす取り組み例として「全国発酵食品サミット」などがあります。

秋田県横手市で第1回が開催され、2023年は第13回として岐阜県の恵那市で開催されました。

発酵食品が街づくりの起爆剤になるのは、発酵食品を切り口に、その地域に伝わってきた歴史を語ることができ、さらにはその地域の自然を語ることができるからです。

地域で、ある特定の産物が奨励された歴史であったり、地域の偉人が発酵食品の工場を起こしたり、あるいは夏や冬の寒暖差という自然条件であったり、海が近かったり遠かったり、近くに川があったりなかったり、昔は交通の要衝として栄えていたり、農村地帯として農業が盛んだったり、そういった、自然条件と人々の営みが折り重なって、地域の発酵文化ができています。

その地域の発酵食品を紐解けば、地域のより深い姿が必ず炙り出されます。

また、観光コンテンツとしても発酵は注目されています。

私たちが他の地域や外国に出かけるとき、自分の地域や日本にないコンテンツに出会いたい、体験したいという思いから、出かけるということもあるでしょう。であれば、先述の通り、その地域の自然や文化をワンパッケージで紹介できるコンテンツである発酵が、観光の目玉として浮かび上がるのは当然のことと言えます。

発酵デザイナーの小倉ヒラクさんが、「発酵」と「観光」を合わせる「発酵ツーリズム」という言葉を提唱しました。２０２２年には「発酵ツーリズムにっぽん／ほくりく」と題したイベントが、福井県を中心とする北陸三県で様々なイベントが開催されました。拠点となるあわら市の美術館での長期展示だけでなく、実際に海外の方を招いてのインバウンドツアーを企画したところ、航空券なし、旅行単体だけで25万円するツアーだったにもかかわらず、アメリカでの募集で23人の枠が3時間でソールドアウトしたそうです（ホームページ「ＨＯＫＵＲＯＫＵ」参照）。改めて、今、世界が発酵に注目していることがわかります。

日本にはそれぞれの地域に、それぞれの魅力的な食材が溢れています。地域の発酵食品と地元の食材を組み合わせ、地域のガストロノミーを考案する、そんな世界が近い将来、きっと来ることでしょう。

発酵の可能性は、まだまだ計り知れません。

ここまで、発酵の魅力を様々な観点でお伝えしてきました。科学や生物学的な話も、世界規模のテクノロジーの話も、家庭での料理での活用の話も、発酵に関係する話題は、できる限り幅広く触れたつもりです。

発酵の世界の奥の深さ、間口の広さが少しでも伝わり、本書で得た知識が、皆さまのこれからの生活のお役に立てることを心から願っています。

皆さん、それぞれの、素晴らしい発酵ライフをお楽しみください。

●おわりに

この仕事をしていると近年、発酵について様々な関心を寄せていただいていることを実感します。日本のビジネスパーソンとして発酵についての教養を深める必要性は日増しに高まっていると言えるでしょう。

私が本書でお伝えしたかったのは、まさに、発酵の幅広さと奥の深さです。理系の生物学や工学、文系の歴史学や民俗学、その他様々なジャンルの学問を全部含めている分野としての広がり、最先端のバイオテクノロジーとしての注目もあれば、伝統技術とも言われる未来から過去までを含む広がり、日本と世界、東西を横断する地理的な広がり、ワインのような高級酒やガストロノミーの世界から基礎調味料や家庭料理という身近な範囲までの価格的な広がり、何十tという大型の工業的な仕込みからキッチンでの一皿までの広がりなど、発酵という世界の広がりと奥の深さが、本書を通して一端でも伝われば幸いです。

この本を手にとったビジネスパーソンの方は、発酵について全く知らない方もいらっしゃれば、醸造業界で活躍されている方もいらっしゃると思います。

多くの皆さまにとって、明日使える知識から、発酵を通じた世の中の見方までを少しでもお伝えできればという想いで書かせていただきました。どなた様にとっても、何か、日常生活の中でお役立てできるような知識や見方が提供できていたのであれば、大変嬉しく思います。

執筆を通じて、数多くの先人の業績に触れ、引用などの形で利用させていただきました。発酵の先人が築いてきた歴史の重さに身が引き締まると同時に、先人がいたからこそ、今、私たちが発酵を楽しむことができるのだと、改めて実感しました。

心からの敬意と感謝を表します。

また、原稿のチェックや執筆資料などアシストしてくれた弊社・株式会社ビオック・糀屋三左衛門の社員の皆さん、原稿の下読みなどでアドバイスをいただいた友人・知人の皆さま、何より、今、現場で発酵を支えている皆さま、発酵に関心を持っていただき本書を手にとってくださった皆さまにも、心から厚く御礼を申し上げます。誠にありがとうございました。

もちろん、本書に至らぬ点、誤りがありましたら、すべての文責は私にあります。

最後に、この本を書かせてくれた妻と3人の子どもたちに感謝を。
最後まで読んでくださり、本当にありがとうございました。

株式会社糀屋三左衛門
第二十九代当主
村井裕一郎

参考資料（順不同）

『発酵ミクロの巨人たちの神秘』（小泉武夫／中央公論新社）
『麹学』（村上英也編著／日本醸造協会）
『発酵食の歴史』（マリー＝クレール・フレデリック／原書房）
『子どもに伝えたい和の技術10　発酵食品』（和の技術を知る会／文溪堂）
『みその教科書』（岩木みさき／エクスナレッジ）
『醤油本　改訂版』（高橋万太郎・黒島慶子／玄光社）
『発酵ツーリズムほくりく』（小倉ヒラク／ｆｕプロダクション）
『フードテック革命　世界７００兆円の新産業「食」の進化と再定義』（田中宏隆・岡田亜希子・瀬川明秀／日経ＢＰ）
『超能力微生物』（小泉武夫／文藝春秋）
『47都道府県・発酵文化百科』（北本勝ひこ／丸善出版）
『みんなが知りたいシリーズ⑫　発酵・醸造の疑問50』（東京農業大学応用生物科学部醸造科学科編／成山堂書店）
『47都道府県・伝統調味料百科』（成瀬宇平／丸善出版）
『日本食物史』（江原絢子・石川尚子・東四柳祥子／吉川弘文館）
『朝倉農学大系5　発酵醸造学』（北本勝ひこ編／朝倉書店）

『麹本　KOJI for LIFE』（なかじ／一般社団法人農山漁村文化協会）
『ものと人間の文化史138・麹』（一島英治／法政大学出版局）
『日本の伝統　発酵の科学　微生物が生みだす「旨さ」の秘密』（中島春紫／講談社）
『お酒の経済学 日本酒のグローバル化からサワーの躍進まで』（都留康／中央公論新社）
『「フーディー」が日本を再生する！　ニッポン美食立国論――時代はガストロノミーツーリズム』（柏原光太郎／日刊現代）
『石毛直道自選著作集　第I期　第2巻　食文化研究の視野』（石毛直道／ドメス出版）
『「発酵」のことが一冊でまるごとわかる』（齋藤勝裕／ベレ出版）
『発酵文化人類学　微生物から見た社会のカタチ』（小倉ヒラク／木楽舎）
『世界の発酵食をフィールドワークする』（横山智／一般社団法人農山漁村文化協会）
『日本酒学講義』（新潟大学日本酒学センター／ミネルヴァ書房）
『発酵食品学』（小泉武夫／講談社）
『発酵の教科書　微生物のちからと最新の発酵技術まで』（金内誠／IDP出版）
『ガストロノミーツーリズム　食文化と観光地域づくり』（尾家建生・高田剛司・杉山尚美／学芸出版社）
『フォーラム　人間の食　第2巻　食の現代社会論　科学と人間の狭間から』（伏木亨編／一般社団法人農山漁村文化協会）
『フォーラム　人間の食　第3巻　食の展望　持続可能な食をめざして』（南直人編／一般社団法人農山漁村文化協会）

『みそを学ぶ』（一般社団法人東京味噌会館／一般社団法人東京味噌会館）
『焼酎の科学　発酵、蒸留に秘められた日本人の知恵と技』（鮫島吉廣・髙峯和則／講談社）
『みりんの知識』（森田日出男／幸書房）
『醤油・味噌・酢はすごい　三大発酵調味料と日本人』（小泉武夫／中央公論新社）
『にっぽん醤油蔵めぐり』（高橋万太郎／東海教育研究所）
『発酵食品の魔法の力』（小泉武夫・石毛直道編著／ＰＨＰ研究所）
『ビジネスエリートが知っている教養としての日本酒』（友田晶子／あさ出版）
『理由がわかればもっとおいしい！　発酵食品を楽しむ教科書』（金内誠／ナツメ社）
『焼酎の履歴書　発酵と蒸留の謎をひもとく』（鮫島吉廣／イカロス出版）
『J.S.A.SAKE DIPLOMA Third Edition』（一般社団法人日本ソムリエ協会／一般社団法人日本ソムリエ協会）
『和食とうま味のミステリー　国産麹菌オリゼがつむぐ千年の物語』（北本勝ひこ／河出書房新社）
『講座　食の文化 第一巻「人類の食文化」』（石毛直道監修・吉田集而責任編集／財団法人味の素食の文化センター）
『日本の醤油　その源流と近代工業化の研究』（横塚保／ライフリサーチプレス）
『味噌大全』（渡邊敦光監修／東京堂出版）
『食品知識ミニブックスシリーズ「改訂5版　味噌・醤油入門」』（山本泰・田中秀夫／日本食糧新聞社）
『一汁一菜でよいという提案』（土井善晴／新潮文庫）

『子どもに伝えたい和の技術10　発酵食品』（和の技術を知る会／文溪堂）
『ノーマの発酵ガイド』（レネ・レゼピ、デイヴィッド・ジルバー／KADOKAWA）
『自由になるための技術　リベラルアーツ』（山口周／講談社）
『坂口謹一郎酒学集成2　世界の酒の旅』（坂口謹一郎／岩波書店）
『木を見る西洋人　森を見る東洋人』（リチャード・E・ニスベット／ダイヤモンド社）

【注目】今、「発酵テクノロジー」に投資が殺到している（News Picks）
https://newspicks.com/news/8178522/body/
【食とインバウンド】発酵食品は「第3の代替タンパク質」（NNA ASIA）
https://www.nna.jp/news/2243105
日本の発酵文化が再注目。東洋食文化 × 自然由来食に商機あり ～アドライト FoodTech セミナー前編（LoveTech Media）　https://lovetech-media.com/eventreport/20210512foodtech1/
次世代の代替タンパクとして大注目の精密発酵技術とは（Beyond Next Ventures）
https://beyondnextventures.com/jp/insight/precision-fermentation
精密発酵スタートアップ9社が精密発酵組合を設立（Foovo）
https://foodtech-japan.com/2023/02/18/pf-5/

付　録

麹のつくり方

糀屋三左衛門の家庭用種麹を使用した、
初心者の方でもご家庭のキッチンで
つくりやすい米麹のつくり方を紹介します。

①道具の消毒

麹づくりを始める前に、用意した器具を使用前にすべて洗います。

使用中もアルコールなどで適宜道具や手を殺菌し、清潔に保ってください。

②米を水に浸ける（浸漬）　※種切りの半日前

きれいに洗った米を水に浸け、冷蔵庫に入れて約10時間、吸水させます。

③米の水を切る

米をザルにあけて1～2時間ほど水切りをします。

中心部にくぼみをつくっておくと、均一な水切りができます。途中、何度か米の上下が入れ替わるように混ぜることで、より均一に水を切ることができます。

所要時間

約45～48時間（浸漬時間、米の蒸し時間などを除く）

手入れ時間の目安

	つくりやすい	朝はゆっくり	平日につくれる
種切り	1日目 11:00	1日目 14:00	1日目 21:00
手入れ 1回目	2日目 9:00頃	2日目 11:00頃	2日目 19:00頃
手入れ 2回目	2日目 14:00頃	2日目 17:00頃	2日目 23:00頃
手入れ 3回目	2日目 20:00頃	2日目 23:00頃	3日目 6:00頃
出麹	3日目 10:00頃	3日目 13:00頃	3日目 20:00頃

用意するもの

米	500g
米麹用種麹（弊社・糀屋三左衛門のHPで購入できます）	2g～
ボウル・ザル	1セット
蒸し器	1台
蒸し布	1枚
しゃもじ	1本
耐熱トレー（A4サイズ程度）	1枚
手ぬぐい、または布巾	1枚
バスタオル	1枚
温度計（50℃まで測れるもの）※1	2本
温度計（100℃まで測れるもの）※2	1本
耐熱ペットボトル※3	500mℓ×4本
発泡スチロール箱※4	1つ

※1：保管庫内と米の温度を測ります。

※2：ペットボトルに入れるお湯の温度を測ります。温度調整のできる給湯器などがあれば不要です。

※3：寝かせたペットボトルの上に米の入ったトレーを置くので、安定させるため四角いペットボトルがおすすめです。

※4：寝かせたペットボトルとトレーが入る大きさのもの。麹菌の酸欠を防ぐため、側面に10円玉程度の穴をあけてください。

⑥蒸した米を冷ます（蒸米放冷）

※米の温度　蒸しあがり→
放冷後 35 ～ 40℃

アルコールなどで殺菌したトレーに手ぬぐいを敷き、そこへ蒸しあがった米をのせます。しゃもじで米を切るように混ぜ、速やかに米の温度を40℃弱まで下げてトレー全体に米を広げます。

※注：種切りのときに米の温度が40℃以上の状態だと麹菌が生えづらくなります。

⑦種麹を撒く（種切り）

必要量の3分の1程度の種麹を少し高い位置から米全体に撒き、清潔な手で均一によく混ぜます。残りの種麹も同様に、計3回程度に分けて種切りします。

※注：米の温度が30℃以下にならないよう手早く行ってください。

④保管庫内（麹室）を温める　※庫内の温度→約35℃

米を保温する庫内が生育開始時35～40℃になっているよう、事前に温めておきます。

ご家庭では、ペットボトルに50℃のお湯を入れて発泡スチロール箱に寝かせ、その上にバスタオルを敷いて庫内を温めます。

発泡スチロールを直接床に置くと床からの冷気で庫内が冷めてしまうので、マットを敷いたり床から離しておきましょう。

※注：適切な温度は季節や室温によって異なりますので、適宜調整してください。夏は低め、冬は高めの温度を目安にするのがおすすめです。

⑤米を蒸す（蒸米）　※種切りの約1時間前

蒸し器を使い、普段食べる炊いた米よりも硬めになるよう約1時間蒸します。白く芯が残っている場合は様子を見ながら蒸し時間を増やしてください。

米を少しとって指でひねり、餅のようになったらちょうどいい硬さです。

蒸しあがってすぐの米はとても熱いため火傷に注意してください。

※注:炊飯器で炊いた米は水分量が多く麹菌が生えないため、米は必ず蒸してください。

⑩手入れ1回目

※種切り後 20 ～ 22 時間
※米の温度　手入れ前 40℃→後 35℃

米の温度が約37～40℃になり、麹菌が生え始めたことによって米の表面に白っぽい点が出てきます。手触りはやや硬く少し固まっているように感じます。

米の温度は約40℃ほどに上がっているので、かたまりを優しく手でほぐし、35℃くらいになったら再び手ぬぐい、バスタオルに包み、発泡スチロール内に戻します。

⑪温度を確認する

※庫内の温度 30 ～ 35℃
※米の温度 37 ～ 42℃

米の温度が42℃を超えないよう、手入れ後に庫内の様子を確認しましょう。米の温度が 45 ℃ を超えると、麹菌は増殖しづらくなります。

米の温度が上がらない、または庫内の温度が30℃を切る場合は、ペットボトルに40℃のお湯を入れましょう。米の温度が42℃以上になっている場合は、ペットボトルを抜いたりバスタオルを外して調整してください。

⑧種切りした米を保温する

※米の温度　種切り後→
約 32 ～ 35℃

外気で米が30℃以下に冷めないうちに手ぬぐいの両端を米の上にかぶせ、米を包みます。包んだ米をトレーごと発泡スチロールに入れ、庫内で保温していたバスタオルで包み、フタを閉めます（手ぬぐいとタオルは、米が乾燥しないように保湿する役目も果たします）。

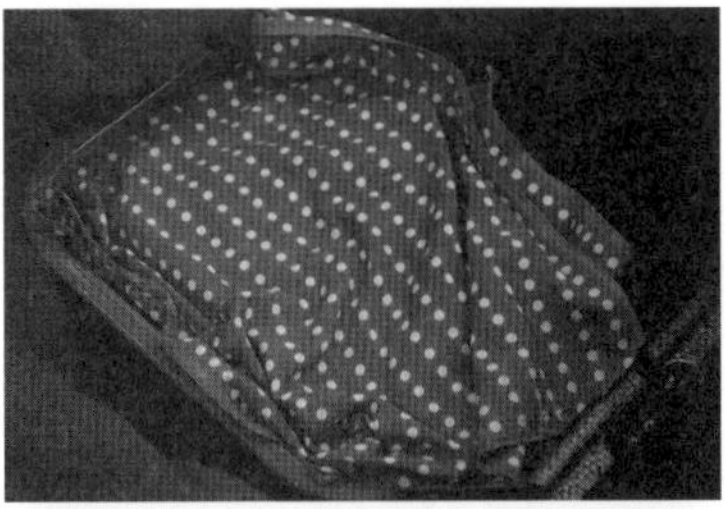

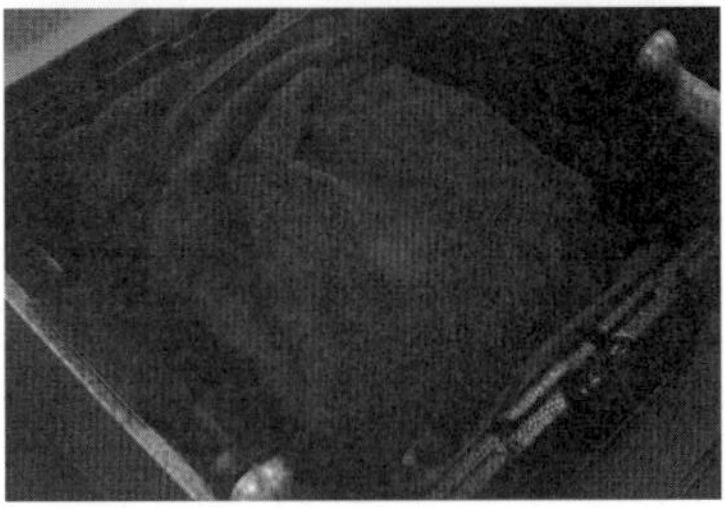

⑨温度を確認する

※庫内の温度 35 ～ 40℃
※米の温度 30 ～ 42℃

保温開始後は、時々庫内の温度を確認し、庫内が 35℃程度になるよう保ちます。庫内の温度が下がってきたらペットボトルに50℃のお湯を入れ直して庫内を温めてください。

※最初は麹菌の数が少なく自己発熱しづらいため、庫内を少し高めの温度に保ちます。

⑭手入れ３回目

※種切り後 32 ～ 35 時間
※米の温度　手入れ前 40℃→後 35℃

米全体が麹菌で覆われ、甘い香りがします。１、2回目の手入れ同様、米をほぐします。米の温度が 45℃を超えると、麹菌は増殖しづらくなります。

米の温度が40℃以上あるときは、米に空気をふくませるように手早く混ぜ、温度を下げてください。逆に35℃以下の場合は、麹をほぐした後にトレーの 3分の2に寄せてください。再度、米を包み包んで発泡スチロール内に戻します。

※注：麹菌が増殖したことによりこの後米の温度はぐっと上昇するため、外気温が温かい場合はしっかり温度を下げてあげましょう。

⑮温度を確認する

※庫内の温度 30 ～ 35℃
※米の温度 37 ～ 42℃

外気が冷たく庫内の温度が 30℃を切る場合はペットボトルに40℃のお湯を入れ直します。逆に、米の温度が 42℃を超えてしまいそうな時は、バスタオルやペットボトルを取り出して庫内の温度を下げてください。

⑫手入れ２回目

※種切り後 26 ～ 28 時間
※米の温度　手入れ前 40℃ → 後 35℃

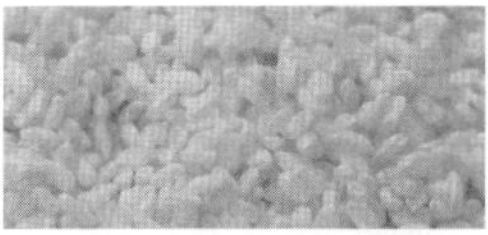

１回目の手入れ後、麹の温度はまた40℃近くに上がってきているので、再び米のかたまりをほぐし、温度を下げます。トレーにまんべんなく米を広げたら、１回目と同様にして発泡スチロール内に戻します。

この頃になると、米からほのかに甘い香りを感じ始めます。

⑬温度を確認する

※庫内の温度 30 ～ 35℃
※米の温度 37 ～ 42℃

手入れ後に庫内の様子を確認しましょう。米の温度が42℃を超過しないよう、庫内の温度は 30～35℃に保ちます。

庫内の温度が30℃を切る場合は、ペットボトルのお湯を入れ替えます。温度が上がりすぎないよう、40℃のお湯を入れましょう。

⑯完成（出麹）　※種切り後45～48時間

甘く栗のような香りが強く出て、米同士がくっついて板状になっていれば米麹の完成＝出麹（でこうじ）です。板状になった麹は手で簡単にほぐれるので、やさしくほぐしてから使用してください。

すぐに使用しない麹は薄く広げて常温まで温度を下げたあと冷凍庫に保管します。冷凍した麹は1カ月を目安に使い切ってください。

よくある質問

Q 原料1kgあたりの種麹の使用量を計算するとき、原材料のお米は蒸す前の重さでしょうか？

A 蒸す前の生の原料の重量で計算してください。

Q 種麹はどのように保管したらいいですか？

A 未開封の場合は、直射日光と湿気を避け、温度変化の少ない冷暗所（15度程度）で保管してください。冷凍保存はできません。開封した種麹は速やかに使用してください。

Q 1kgの米麹をつくるには、生米を何kg蒸せばいいですか？

A 元原料の1.2倍くらいができあがりの生麹の量になります。850g程度のお米で1kg相当の麹ができあがります。

Q 米麹をつくっている保管庫で他の食材に同じ種麹をつけたものを同時に入れてもいいですか？

A 同じ菌でしたら大丈夫です。温度経過が違うようでしたら、別の保管庫に入れることをおすすめします。

Q 製麹中にオレンジ色の菌が出てきます。どのような原因で出てくるのでしょうか？

A 別の菌が混入している可能性があります。道具をきれいに消毒し、つくり直してください。

Q できた麹が板状にならないのですが、失敗でしょうか？

A 麹は、麹菌の菌糸が伸び、絡み合うことでかたまりができ、板状になります。手入れを行うことで菌糸を切ってしまいますので、手入れの回数やタイミングによっては菌糸が伸び切らず、板状にならないこともあります。見た目や、匂いに異常がなければそのままご使用いただけます。

Q できあがった麹はどのように保存したらいいですか？

A 薄く広げて常温に冷ましたあと、冷凍保存するのがおすすめです。冷凍したものを使用する際は、自然解凍してからご使用ください。

Q つくった麹を種麹として、新たに麹をつくることはできますか？

A 麹をつくる段階である程度の細菌は混入しています。それを種として麹をつくることは、細菌をさらに増殖させ、人体に害を及ぼす可能性が高くなりますので、絶対に行わないでください。

著者紹介

村井裕一郎（むらい・ゆういちろう）

株式会社糀屋三左衛門 代表取締役社長・第二十九代当主
株式会社ビオック　代表取締役社長
1979年、愛知県豊橋市生まれ。2002年に慶應義塾大学経済学部、2004年に慶應義塾大学環境情報学部卒業。2006年にアメリカのサンダーバードグローバル国際経営大学院にて国際経営学修士（MBA）取得。
その後、室町時代の創業以来、種麹を作ってきた家業である株式会社糀屋三左衛門、またその研究開発企業である株式会社ビオックに入社。以来、得意先である味噌、醤油、清酒、焼酎などの醸造メーカーと関わり「発酵」のプロとして家業に携わる。
2016年に家業を継ぎ第二十九代当主に就任。各種セミナーや執筆など、麹、発酵の魅力を発信する活動にも力を入れる。2022年には京都芸術大学大学院学際デザイン研究領域修了（芸術修士）。2023年より公益財団法人日本醸造協会理事。その他、2019年公益社団法人豊橋青年会議所理事長、豊橋市男女共同参画審議会委員など地域社会活動の役職も多数務める。

ビジネスエリートが知《し》っている
教養《きょうよう》としての発酵《はっこう》　〈検印省略〉

2024年 1月 16日 第 1 刷発行
2024年 10月 23日 第 3 刷発行

著　者――村井 裕一郎（むらい・ゆういちろう）
発行者――田賀井 弘毅

発行所――株式会社あさ出版
〒171-0022 東京都豊島区南池袋 2-9-9 第一池袋ホワイトビル 6F
電　話 03 (3983) 3225（販売）
03 (3983) 3227（編集）
F A X 03 (3983) 3226
U R L http://www.asa21.com/
E-mail info@asa21.com
印刷・製本 広研印刷（株）

note http://note.com/asapublishing/
facebook http://www.facebook.com/asapublishing
X http://twitter.com/asapublishing

ISBN978-4-86667-649-4 C2034